U0384476

中国土壤修复咨询服务业发展报告 2019

China's Report on Soil Restoration and Consulting Service 2019

孙　宁　丁贞玉　徐怒潮　等/编著

中国环境出版集团·北京

图书在版编目（CIP）数据

中国土壤修复咨询服务业发展报告. 2019/孙宁等编著.
—北京：中国环境出版集团，2020.12
（中国环境规划政策绿皮书）
ISBN 978-7-5111-4404-1

Ⅰ. ①中… Ⅱ. ①孙… Ⅲ. ①土壤污染—修复—咨询业—研究报告—中国—2019 Ⅳ. ①X53

中国版本图书馆 CIP 数据核字（2020）第 148909 号

出 版 人 武德凯
责任编辑 葛 莉
文字编辑 解亚鑫
责任校对 任 丽
封面设计 彭 杉

出版发行 中国环境出版集团
（100062 北京市东城区广渠门内大街 16 号）
网 址：http://www.cesp.com.cn
电子邮箱：bjgl@cesp.com.cn
联系电话：010-67112765（编辑管理部）
发行热线：010-67125803，010-67113405（传真）
印 刷 北京建宏印刷有限公司
经 销 各地新华书店
版 次 2020 年 12 月第 1 版
印 次 2020 年 12 月第 1 次印刷
开 本 787×1092 1/16
印 张 15.75
字 数 200 千字
定 价 110.00 元

【版权所有。未经许可，请勿翻印、转载，违者必究。】
如有缺页、破损、倒装等印装质量问题，请寄回本集团更换

中国环境出版集团郑重承诺：
中国环境出版集团合作的印刷单位、材料单位均具有中国环境标志产品认证；中国环境出版集团所有图书“禁塑”。

《中国环境规划政策绿皮书》编委会

主　　编　王金南

副 主 编　陆　军　何　军　万　军　冯　燕　严　刚

编　　委　（以姓氏笔画为序）

丁贞玉　王　东　王　倩　王夏晖　宁　淼

许开鹏　孙　宁　张　伟　张红振　张丽荣

张鸿宇　於　方　赵　越　饶　胜　秦昌波

徐　敏　曹　东　曹国志　葛察忠　董战峰

蒋洪强　程　亮　雷　宇

执行主编　曹　东　张鸿宇

《中国土壤修复咨询服务业发展报告 2019》

编 委 会

主　编　孙　宁

副主编　丁贞玉　徐怒潮

编　委　万　军　张岩坤　郝占东　周　欣　呼红霞

刘锋平　尹惠林　彭小红　张宗文

（生态环境部环境规划院）

魏　丽　冯国杰　李皎熙

（北京高能时代环境技术股份有限公司）

前 言

土壤污染被称为“看不见的污染”，《中华人民共和国土壤污染防治法》的目标是保障人民群众“住得安心、吃得放心”。土壤修复咨询服务业发展规模和水平是我国土壤修复产业发展成熟度的重要衡量指标，也是土壤污染防治体系现代化的重要衡量指标。

本书编制工作主要由生态环境部环境规划院生态环境工程咨询中心牵头组织，与北京高能时代环境技术股份有限公司合作共同完成。该中心主要承担国家重大生态环境保护项目建设标准、技术政策、工程规范等研究制定及跟踪评估工作，开展土壤环境管理和土壤修复咨询服务，从事生态环境修复工程市场分析研究；近年来承担了20个省市近百个咨询服务项目，在土壤环境的管理、调查评估、产业分析方面具有较为丰富的实践经验。

本书共7章，第1章由刘锋平、郝占东编写，第2章由徐怒潮、孙宁编写，第3章由魏丽、冯国杰、李皎熙编写，第4章由丁贞玉、呼红霞编写，第5章由张岩坤、孙宁编写，第6章由孙宁、张宗文、尹惠林编写，第7章由孙宁、周欣编写。

本书的研究与编写工作得到了污染场地安全修复技术国家工程实验室开放基金项目“大型污染场地精细化环境调查与风险管控技术

方法与实例研究”的支持。本书内容可供生态环境管理部门、科研机构、环保企业、投资机构等使用，可为全面了解我国土壤修复咨询服务市场、开展土壤环境管理提供参考与借鉴。

本书若有不妥内容，敬请批评指正！

本书编委会

2020 年 10 月

执行摘要

2019年1月1日,《中华人民共和国土壤污染防治法》(以下简称《土壤污染防治法》)正式实施，标志着我国土壤污染防治步入法治化轨道。《土壤污染防治法》第九条明确提出:“国家支持土壤污染风险管控和修复、监测等污染防治科学技术研究开发、成果转化和推广应用，鼓励土壤污染防治产业发展，加强土壤污染防治专业技术人才培养，促进土壤污染防治科学技术进步。”土壤污染防治产业是我国土壤污染防治目标指标和任务完成的重要支撑，土壤修复咨询服务业的发展规模和水平是衡量土壤修复产业发展成熟度的重要指标。

本书基于生态环境部环境规划院和北京高能时代环境技术股份有限公司共同建立的2019年度土壤环境修复公开招投标信息数据库，从政策、市场、队伍、项目、技术、模式、问题、展望等方面系统分析了2019年度我国土壤修复咨询服务业发展状况、水平与特点，提出了土壤修复咨询服务业发展中存在的主要问题，对未来发展趋势进行了预测分析。

2019年国家及地方出台了一系列拉动土壤修复需求、提升技术水平、规范从业机构和提供资金保障的政策制度，对我国土壤修复咨询服务业发展发挥了重要驱动作用，团体标准的出台也丰富了土壤修复咨询服务技术体系。以《建设用地土壤污染状况调查、风险评估、风险管控及修复效果评估报告评审指南》为主的系列组合政策明确了“严格评审、信息公开、抽查曝光、信用管理”的从业机构管理要求，形成优胜劣汰的竞争机制，从而不断优化从业单位结构，为行业的良性发展起到了促进作用。

随着土壤修复产业规模的逐年扩大及法规政策的日益完善，2019年，前期咨询服务业的行业规模及市场空间有所提升，全国土壤污染防治咨询服务业项目金额为 25 亿元，较 2018 年增加了约 30%。前期咨询类服务项目金额占当年土壤修复行业项目金额的 15.1%，与美国的数据（40.7%）相比，我国前期咨询服务业的市场还有很大的提升空间。此外，中央财政专项资金为全国土壤污染防治重点行业企业用地调查和中西部地区土壤污染防治提供了强有力的资金保障。我国土壤修复咨询服务从业单位总体分布较为分散，1 344 个前期咨询服务类项目由超千家的企事业单位承接，从业单位类型多样化，其中各级环保科研院所是咨询服务业非常有力和重要的队伍，是承接各类咨询服务项目的主要从业机构。除此之外，高等院校、社会咨询公司、分析检测单位、市政设计院也是咨询服务业重要的承担机构。

土壤修复咨询服务业发展迅速，但也呈现出区域差距较大、业主单位类型集中、从业机构多且集中度相对不高等特点；行业整体上存在从业门槛低、市场竞争不规范、技术性问题较多、服务模式单一、人才队伍缺乏等问题，这制约了我国土壤修复咨询服务业的发展。未来应在提高认识、规范市场、鼓励模式创新、提升技术水平、加大监督执法力度等方面持续发力，以推动我国土壤修复咨询服务业健康发展。

根据《土壤污染防治行动计划》，“十三五”期间我国土壤污染防治的总体定位是：摸清土壤环境家底，建立土壤环境管理制度体系，探索土壤风险管控与修复技术和工程项目组织实施的模式，同时大力遏制重大事故发生。土壤污染防治总体处于“打基础、保底线”“通过实施一批工程，推动风险管控目标实现”的阶段。进入“十四五”时期，我国土壤污染防治将进入土壤污染风险管控和修复工程的实践阶段，将会比

“十三五”时期开展规模更大的土壤修复工程活动。预测“十四五”时期，土壤环境管理的重点是不断提高多部门联动防控管理能力，探索与总结污染耕地安全利用、污染地块修复与风险管控成熟适用的工程技术，完善我国的技术体系和管理制度体系，提高信息化管理水平，不断探索污染地块治理修复商业模式等。

Executive Summary

The Soil Pollution Prevention and Control Law of the People's Republic of China (hereinafter referred to as the *Soil Pollution and Control Law*) was officially enforced on January 1, 2019, bringing the work onto the track of the rule of law. It is explicitly mentioned in Article 9 of the *Soil Pollution and Control Law* that the state shall support the research and development, the achievement transformation, and the application of soil pollution risk control, remediation, monitoring and other technologies, encourage the development of the soil pollution prevention and control industry, strengthen the cultivation of professional and technological talents in the prevention and control of soil pollution, and prompt the progress in the science and technology for prevention and control of soil pollution. The soil pollution prevention and control industry plays an important role in fulfilling soil pollution prevention and control objectives and missions. The development scale and level of the soil environment remediation consulting service are important measurements of evaluating the maturity of the soil environment remediation industry.

Thanks to the database jointly established by Chinese Academy of Environmental Planning (CAEP) and Beijing GeoEnviron Engineering & Technology, Inc. (BGE), which pools information on open tendering and bidding for soil environment remediation in 2019, this book conducted a systematic review on the development status，level and characteristics of national soil environment remediation consulting service in 2019 from several aspects such as policy，market，employee，project，technology，service mode，existing problems and prospects，then put forward existing problems that impede the development of soil environment remediation consulting service，and finally gave a prediction to its future development trend.

In 2019，the state and local governments issued a series of policies and systems to stimulate soil remediation demand，improve technical levels，standardize employment agencies，and provide financial guarantees，which played an important role in driving the development of my country's soil remediation consulting service industry. The introduction of group standards has also enriched the technical system for soil environmental consulting services. A series of combined policies based on *Guidance for the Review of Construction Land Soil Pollution Status Investigation，Risk Assessment，Risk Management and Control and Remediation Effect Assessment Report Review* clarified the management requirements of "strict review，information disclosure，spot checks and exposure，and credit management"，forming a competition mechanism for the survival of the fittest，thereby continuously optimizing the structure of the work unit，and contributing to the sound development of the industry enhancement.

Thanks to the growing size of the soil remediation industry and the increasingly improved legal system，the preliminary consulting service sector has witnessed increases in the industrial scale and market space in

2019. The national soil pollution prevention and control consulting service industry project amounted to 2.5 billion yuan, an increase of nearly 30% from 2018. The pre-consulting industry project amount accounted for 15.1% of the restoration industry project value that year. Compared with the 40.7% data in the United States, there is still a lot of room for improvement in the pre-consulting service industry market in my country. In addition, the central government's special funds provide a strong financial guarantee for the land survey of key industries in the country for soil pollution prevention and control and the prevention and control of soil pollution in central and western regions. my country's soil environmental remediation consulting service units are generally scattered. 1344 consulting service projects in the national soil remediation industry are undertaken by more than a thousand enterprises and institutions, with various types of work units. Among them, environmental protection scientific research institutes at all levels are very powerful and important teams in the consulting service industry and are the main practitioners to undertake various consulting service projects. In addition, colleges and universities, social consulting companies, analysis and testing units, and municipal design institutes are also important institutions in the consulting service industry.

The soil remediation consulting service industry is developing rapidly, but it also shows the characteristics of large regional gaps, concentrated types of owner units, many employment agencies and relatively low concentration; the industry as a whole has many problems, such as low thresholds for practitioners, irregular market competition, and many technical problems, single service mode， and lack of talents，which have restricted the development of my country's soil renediation consulting service industry. In the future，efforts should be made to increase awareness，standardize the market，encourage model innovation，upgrade technology，and increase supervision and law enforcement to promote the healthy development of my country's soil remediation consulting service industry.

The Action Plan for the Prevention and Control of Soil Pollution defines the overall guidelines for the prevention and control of soil pollution during the 13th FYP period，which call for identifying the present situation of soil environment，establishing soil environment management framework and system，exploring soil risk control and remediation technologies and the implementation of engineering projects，and taking strong measures to avoid major accidents. It should be recognized that we are essentially at the stage of laying foundation and protecting the bottom line to accelerate the fulfillment of risk control targets through implementing a number of soil risk control and remediation projects. In the coming five years during the 14th FYP period，China will enter the engineering practice stage of soil pollution risk control and remediation，and will carry out soil remediation projects on a larger scale than the 13th FYP period. During the 14th FYP period，China is expected to lay more emphasis on improving multi-sectoral prevention and control capabilities，exploring mature and applicable engineering technologies for safe utilization of contaminated farmlands，remediation of contaminated lands and risk control，optimizing relevant technical system and management system，enhancing the information-based management，and exploring new business models for the treatment and remediation of contaminated lands.

目录

目录

目录

2019 年政策制度的制定与实施进展

2016 年，《土壤污染防治行动计划》（国发〔2016〕31 号）的发布实施，标志着我国土壤污染防治管理和修复进程进入了快速发展的时期，政策和标准的出台实施成为该时期产业发展非常重要的驱动因素。根据《土壤污染防治行动计划》，2019 年国家、省和地市不同层级都发布了一系列政策、标准和规范性文件，对规范土壤环境管理和推动土壤修复咨询服务业发展具有重要意义。

1.1 土壤修复咨询服务业的范围

咨询业是指专业咨询机构依托信息和专业知识优势，运用现代分析方法，为解决各类社会、经济和科技的复杂问题，进行创造性思维活动，向客户提供决策依据和优化方案的智力服务业。针对工程项目，一般来说，除工程项目建设和施工以外的其他活动均可统称为咨询服务业。一般意义上，我国环境咨询服务业包括环境技术咨询、环境工程咨询、环境信息服务、环境管理体系认证、环境影响评价、有机食品认证、环境保护产品认证、环境技术评估、环境投资风险评估、清洁生产审核等活动。

随着 2016 年《土壤污染防治行动计划》的发布和 2019 年《土壤污染防治法》的实施，我国土壤污染防治与管理得到了全社会的高度关注，污染地块土壤环境风险管控和治理修复业得到了快速发展。《建设用地土壤污染风险管控和修复术语》（HJ 682—2019）中指出，土壤污染风险管控和修复包括土壤污染状况调查和土壤污染风险评估、风险管控、修复、风险管控效果评估、修复效果评估、后期管理等活动。由此，狭义的土壤污染防治咨询服务业包括农用地和建设用地土壤污染风险管控与修复活动中涉及的土壤污染状况调查和土壤污染风险评估、风险管控效果评估、修复效果评估、后期管理等活动。广义的土壤污染防治咨询服务业可进一步将矿山、固体废物和生活垃圾堆放场所、尾矿库等对象的污染防治咨询服务纳入其中。

本书所指咨询服务主要包括规划与政策制定、政策研究、调查评估、分析检测、工程地质勘查、方案编制、技术研发、监理服务、效果评估、培训、会务等活动。从事药剂材料研发、销售及租赁等不计入咨询服务的范围。

1.2 推动行业发展型政策分析

1.2.1 行业需求释放型政策

2016 年国务院发布实施的《土壤污染防治行动计划》，确定了“十三五”乃至更长一段时期我国土壤污染防治的指导思想、原则和防治任务，确定了全面开展农用地和建设用地调查及全面开展土壤污染防治制度体系建设两大重要而基础性任务，为包括咨询服务在内的土壤修复产业创造了快速发展的历史契机。《土壤污染防护法》确定了我国土壤污染预防、防控、修复的主要制度要求，各级政府和相关部门的法律责任，明确了启动土壤环境调查的三种情形，要求建立建设用地土壤风险管控与修复名单制度和定期开展土壤污染状况普查、重点区域调查等制度。土壤修复咨询服务业的市场空间将迅速打开。

《土壤污染防治法》中涉及的土壤修复咨询服务业的潜在市场见表 1-1。我国土壤修复咨询服务业可分为规划、标准制定，土壤环境调查与监测，环境影响评价，在产企业土壤污染防治咨询服务，农用地调查、评估与风险管控，污染地块环境调查、风险管控与修复，突发事件土壤环境调查评估与修复，科研服务等类型，其中土壤环境调查既包括定期开展的较大尺度的摸底调查，也包括农用地地块、建设用地地块、尾矿库及周边、生活垃圾填埋场及周边、固体废物堆存场所及周边、城镇污水处理设施及周边等不同类型具体地块的环境调查。

表 1-1　土壤修复咨询服务业潜在市场

序号	服务类型	咨询服务工作要求
1	规划、标准制定	设区的市级以上地方人民政府生态环境主管部门开展土壤污染防治规划制定工作
		省级人民政府可以制定地方土壤污染风险管控标准。应当定期评估土壤污染风险管控标准的执行情况，并根据评估结果对标准适时修订
2	土壤环境调查与监测	国务院生态环境主管部门会同国务院农业农村、自然资源、住房和城乡建设、林业和草原等主管部门，每十年至少组织开展一次全国性土壤污染状况普查
		国务院有关部门、设区的市级以上地方人民政府可以根据本行业、本行政区域实际情况组织开展土壤污染状况详查

序号	服务类型	咨询服务工作要求
2	土壤环境调查与监测	地方人民政府农业农村、林业和草原主管部门对特定农用地地块进行重点监测
		地方人民政府生态环境主管部门应当对特定类型建设用地地块进行重点监测
3	环境影响评价	涉及土地利用的规划和可能造成土壤污染的建设项目，应当依法进行环境影响评价
4	在产企业土壤污染防治咨询服务	土壤污染重点监管单位履行法定责任带来的潜在风险项目
		土壤污染重点监管单位拆除设施、设备或者建筑物、构筑物的，应当制定包括应急措施在内的土壤污染防治工作方案
		危库、险库、病库以及其他需要重点监管的尾矿库的运营、管理单位应当按照规定，进行土壤污染状况监测和定期评估
		地方人民政府生态环境主管部门应当定期对污水集中处理设施、固体废物处置设施周边土壤进行监测；对不符合法律法规和相关标准要求的，应当根据监测结果，要求污水集中处理设施、固体废物处置设施运营单位采取相应改进措施
5	农用地调查	需要开展调查的情形包括：①未利用地、复垦土地等拟开垦为耕地的；②土壤污染状况普查、详查和监测、现场检查表明有土壤污染风险的农用地地块
	农用地评估与风险管控	土壤污染风险评估、风险管控、修复、风险管控效果评估、修复效果评估、后期管理等活动
6	污染地块环境调查	①土壤污染状况普查、详查和监测、现场检查表明有土壤污染风险的建设用地地块；②用途变更为住宅、公共管理与公共服务用地的，变更前实施调查；③土壤污染重点监管单位生产经营用地的用途发生变更或者在其土地使用权收回、转让前，开展地块调查
	污染地块风险管控与修复	土壤污染状况调查和土壤污染风险评估、风险管控、修复、风险管控效果评估、修复效果评估、后期管理等活动
7	突发事件土壤环境调查评估与修复	发生突发事件可能造成土壤污染的，地方人民政府及其有关部门和相关企业事业单位以及其他生产经营者应当立即采取应急措施，防止土壤污染，并依照规定做好土壤污染状况监测和调查，土壤污染风险评估、风险管控、修复等工作
8	科研服务	土壤污染防治的科学技术研究开发

2019 年，部分省份加快省级土壤污染防治条例、办法等规范性文件的出台。天津、山东、山西等省（市）发布了省级土壤污染防治条例，部分省份发布了征求意见稿（表 1-2）。

表 1-2　《土壤污染防治法》颁发后省级条例制定情况

文件名称	施行时间
湖北省土壤污染防治条例	2016 年 10 月 1 日起施行
福建省土壤污染防治办法	2016 年 2 月 1 日起施行
天津市土壤污染防治条例	2020 年 1 月 1 日起施行
山东省土壤污染防治条例	2020 年 1 月 1 日起施行
山西省土壤污染防治条例	2020 年 1 月 1 日起施行
广东省实施《中华人民共和国土壤污染防治法》办法	2019 年 3 月 1 日起施行
河南省土壤污染防治条例（草案）（征求意见稿）	—
重庆市建设用地土壤污染防治办法	2020 年 2 月 1 日起施行

省级土壤污染防治条例进一步释放土壤修复咨询服务潜在市场的信号，具体表现为：

（1）促进省级工程技术规范的制定

《山东省土壤污染防治条例》第十一条规定："县（市、区）人民政府和化工园区、涉重金属排放的产业园区，应根据土壤污染防治规划制定实施方案。县级以上人民政府及其有关部门编制各类涉及土地利用的规划时，应当包含土壤污染防治的内容。"《山西省土壤污染防治条例》第六条规定："省人民政府生态环境主管部门应当会同市场监督管理部门制定土壤环境监测和土壤污染状况调查、风险评估、风险管控、修复等方面的技术规范。"

（2）启动土壤环境调查服务的情形

山东、山西、天津等省（市）的土壤污染防治条例均提出了启动建设用地土壤环境调查的情形，如《山东省土壤污染防治条例》提出启动调查的 3 种情形：①用途拟变更为住宅、公共管理与公共服务用地的；②土壤污染状况普查、详查、监测和现场检查中表明有土壤污染风险的；③土壤污染重点监管单位拟变更生产经营用地的用途或者其土地使用权拟收回、转让的。《山西省土壤污染防治条例》一共提出了启动土壤环境调查的 7 种情形，除上述 3 种情形外，增加了 4 种情形：①用途拟变更为食品加工储存用地或者农用地的；②焦化、钢铁、化工、煤焦油加工、火力发电、燃气生产和供应、垃圾焚烧、有色金属矿采选、有色金属冶炼、电镀、制革、铅蓄电池、农药等企业关停、搬迁的；③垃圾填埋场、污泥处置场、危险废物填埋场等关闭或者封场的；④法律法规规定的其他情形。《天津市土壤污染防治条例》提出了土壤环境调查的 3 种情形，除《山东省土壤污染防治条例》前两种以外，第 3 种是有色金属冶炼、石油开采、石油加工、化工、焦化、电镀、制革、制药、农药等可能造成土壤污染的行业企业及污水处理厂、垃圾填埋场、危险废物处置场、工业集聚区等关停搬迁的情形。土壤环境调查在何种情况下按下“启动键”对于开启咨询服务是非常重要的，各省规定的类型越多、要求越细致，对扩大咨询服务市场规模越为有利。

（3）地方的特定要求形成的咨询服务

《山东省土壤污染防治条例》第十七条提出：“编制下列涉及土地利用的规划时，应当依法进行环境影响评价，明确对土壤及地下水可能造成的不良影响和相应的预防措施：①国土空间规划；②区域、流域、海域的建设、开发利用的规划；③工业、农业、畜牧业、林业、能源、水利、交通、城市建设、旅游、自然资源开发的有关专项规划；④国家和省确定的其他规划。”这条内容的提出非常重要，涉及面较广，需要修订现行的相关管理办法和技术要求，需要相关的管理规定加以配套，需要在实践过程中大力落实，并不断探索其实施的具体途径。《山东省土壤污染防治条例》第三十条提出，石油勘探开发单位应当对钻井、采油、集输等环节实施全过程管理，采取防渗漏、防扬散、防流失等措施，防止原油、化学药剂及其他有害物质落地，并对废弃钻井液、废水、岩屑、污油、油泥等及时进行安全处理。这是条例中对石油勘探开发这一行业提出的特定要求，值得关注。《山西省土壤污染防治条例》第十九条提出，省人民政府自然资源主管部门应当会同农业农村、生态环境等有关部门，制定利用工业固体废物填充复垦造地和生态修复的技术规范。此条内容与《土壤污染防治法》相比是新的内容，值得重点关注。

（4）制定了暂不开发利用的污染地块的管理要求

《山西省土壤污染防治条例》第三十条是对暂不开发利用或者现阶段不具备修复条件的污染地块所做出的规定，要求“所在地县级人民政府自然资源主管部门应当会同生态环境、住房和城乡建设等主管部门组织划定管控区域，设立标识，发布公告”。该规定较《土壤污染防治法》是新的内容，将《污染地块土壤环境管理办法（试行）》中的相关规定纳入了省级条例中。污染地块中需要开发利用的地块仅是其中一部分，所以在条例中对暂不开发利用的地块提出管理要求，具有较好的现实意义。

（5）制定了应急管理要求

《山东省土壤污染防治条例》第三十七条提出：“发生突发事件造成或者可能造成土壤污染的，县级以上人民政府及其有关部门和相关生产经营者应当迅速控制危险源、封锁危险场所，立即疏散、撤离并妥善安置有关人员，防止污染扩大或者发生次生、衍生事件，并做好土壤污染状况监测、调查和土壤污染风险评估、风险管控、修复等工作。”此条内容对突发事件引发的土壤环境污染问题做出了相关管理规定。

2019 年 4 月，农业农村部和生态环境部联合下发《关于进一步做好受污染耕地安全利用工作的通知》。文件中提出“建设受污染耕地安全利用集中推进区”，该区域包括安全利用、严格管控和治理修复等区域，要求不少于本省土壤污染防治责任书目标任务的 10%。提出“推进耕地土壤环境质量类别划分”，要求以乡镇为单元，整县推进，结合实际情况和相关技术规范，全面划分为优先保护、安全利用和严格管控三个类别；2019 年年底前，江苏、河南、湖南三省实现全省土壤环境质量类别划分，其他省在 20%的县（不少于 2 个）开展试点工作，2020 年年底前，全面落实类别划分任务，建立分类清单。提出“核算受污染耕地安全利用率”，首次确定了受污染耕地安全利用率核算方法（试行），要求对本地区受污染耕地安全利用率开展自我评估，并分别于 2019 年年底和 2020 年年底，将核算的年度受污染耕地安全利用率与核算过程的相关文件报送农业农村部和生态环境部。通过上述文件可以看出，农用地土壤环境污染防治的重点任务主要集中在：①加快完成国家下达各省的农用地安全利用、退耕还林还草、种植结构调整面积等纳入目标责任书的考核任务；②强化重金属污染源头防控，深入推进涉镉等重金属重点行业企业排查整治，打击非法排污，切断镉等重金属污染物进入农田的途径；③大力推进耕地土壤环境质量类别划分任务的实施和完成；④在实践中不断总结和形成一批成本低、效果好、易推广的污染耕地安全利用适用技术模式。

2019 年 7 月，生态环境部、农业农村部、自然资源部联合发布《关于贯彻落实土壤污染防治法　推动解决突出土壤污染问题的实施意见》

（环办土壤〔2019〕47 号），从“做好农用地土壤污染控制，保障吃得放心”“抓好建设用地土壤污染风险管控，保障住得安心”“加强部门信息共享”“严格监督执法”四个方面，提出了 20 条具体任务要求（表 1-3）。这些任务要求也将推动土壤修复产业市场空间的进一步挖掘和释放。

表 1-3 《关于贯彻落实土壤污染防治法 推动解决突出土壤污染问题的实施意见》主要任务及对产业发展的影响

主要任务			任务实施要求和对产业发展的影响分析
做好农用地土壤污染控制，保障吃得放心	1	开展涉镉等重金属重点行业企业排查整治工作	各级生态环境部门牵头会同相关部门共同深入开展工业企业污染排查整治，打击非法排污。 主要影响：推动工矿企业开展重金属污染物排放和削减方面的整治工程，包括涉重企业重金属污染物排放和矿山环境重金属污染综合整治
	2	控制土壤污染的农业生产活动	农业农村部门要加强对农药、肥料和农膜等农业投入品使用的管理，继续实施化肥农药使用量零增长行动。会同生态环境部门推进农业投入品包装废弃物回收和无害化处理工作
	3	深入推进农用地土壤污染状况详查成果集成和应用工作	持续推进农用地土壤污染状况详查、农产品产地土壤重金属污染普查、多目标区域地球化学调查等土壤污染状况调查原始数据共享，建立统一的全国土壤污染状况相关数据库
	4	开展耕地土壤环境质量类别划定工作	将耕地划分为优先保护、安全利用和严格管控三个类别，重度污染耕地全部纳入严格管控类耕地范围，建立耕地土壤环境质量分类清单。 主要影响：推动各级农业农村主管部门开展区域耕地土壤环境质量类别划定工作，建立耕地土壤环境质量分类清单
	5	将重度污染耕地纳入退耕还林还草范围	将需要退耕的重度污染耕地信息报送国务院农业农村主管部门，按照国务院统一部署要求和年度任务规范开展退耕工作。落实重度污染耕地严格管控措施

主要任务			任务实施要求和对产业发展的影响分析
做好农用地土壤污染控制，保障吃得放心	6	开展重度污染耕地种植结构调整	因地制宜，以市场为导向，组织开展种植结构调整。到 2020 年年底前，全面落实重度污染耕地严格管控措施，完成目标责任书中重度污染耕地退耕还林任务和种植结构调整任务。 主要影响：在开展种植结构调整时，可充分利用当地的土地资源，发展新的种植产业，既发展特色农业经济，又最大限度地控制污染物迁移
	7	制定实施安全利用方案	针对安全利用类耕地，结合主要作物品种和种植习惯等，制定并实施受污染耕地安全利用技术指南和安全利用方案。 主要影响："十三五"时期各地耕地安全利用任务较为艰巨，应结合不同区域安全利用任务要求，大力实施农用地安全利用工程项目
	8	加强耕地土壤环境质量监测	对产出农产品污染物含量超标的耕地进行重点监测，发现污染物含量超过土壤污染风险管控标准的，开展土壤污染风险评估，根据评估结论对耕地实施分类管理
	9	严格防控耕地周边涉重企业污染	不得新建可能造成土壤污染的项目，已经建成的，应依法限期关闭、拆除
	10	加强矿区生态修复	开展矿区生态修复工作
抓好建设用地土壤污染风险管控，保障住得安心	11	依法开展土壤污染状况调查	对于在土壤污染状况普查、详查、监测、现场检查中表明有土壤污染风险的建设用地，以及用途变更为住宅、公共管理与公共服务用地的建设用地，变更前要求土地使用权人进行土壤污染状况调查。住宅用地、公共管理与公共服务用地之间相互变更的，原则上不需要进行调查，但公共管理与公共服务用地中环卫设施、污水处理设施用地变更为住宅用地的除外。土壤污染重点监管单位生产经营用地的用途变更或者在其土地使用权收回、转让前，应当由土地使用权人按照规定进行土壤污染状况调查。土壤污染状况调查报告应当作为不动产登记资料送交地方人民政府不动产登记机构，并报地方人民政府生态环境主管部门备案。 主要影响：土壤污染状况调查是土壤修复产业发展的重要动力和源头。修复产业从业单位应根据国家相关规范开展高质量土壤污染状况调查工作

主要任务			任务实施要求和对产业发展的影响分析
抓好建设用地土壤污染风险管控，保障住得安心	12	推动多图合一	生态环境部门要实现与规划、资源部门共享疑似污染地块和污染地块的空间信息。规划部门应牵头将疑似污染地块和污染地块空间信息与国土空间进行“一张图”汇总。2020 年前，对已上传全国污染地块土壤环境管理信息系统的疑似污染地块及污染地块实现国土空间“一张图”管理。 主要影响：推动土壤污染防治管理信息系统和大数据建设
	13	合理规划土地用途	编制城市总体规划、控制性详细规划时，应根据疑似污染地块和污染地块名录、建设用地土壤污染风险管控和修复名录及其土壤环境质量评估结果，充分考虑土壤污染风险，合理确定土地用途
	14	严格用地准入	列入建设用地土壤污染风险管控和修复名录的地块，不得作为住宅、公共管理与公共服务用地
	15	注重开发和使用时序	原则上住宅、公共管理与公共服务等敏感类用地应后开发；已开发的，原则上应当在有关污染地块风险管控和修复完成后，邻近的住宅、公共管理与公共服务等敏感类用地再投入使用
	16	加强在产企业土壤污染预防	按照国家排污许可申请与核发的统一部署，将土壤污染防治责任和义务纳入土壤污染重点监管单位排污许可证的要求。特别是应建立土壤污染隐患排查制度，保证持续有效防止有毒有害物质渗漏、流失、扬散。有毒有害物质包括有毒有害水污染物和大气污染物名录中的污染物、危险废物，建设用地土壤污染风险管控标准中的污染物，列入优先控制化学品名录内的物质，以及其他根据国家法律法规有关规定应当纳入有毒有害物质管理的物质。 主要影响：对在产企业开展土壤环境污染隐患排查，根据排查结果开展必要的风险管控和修复工程实施
	17	加强风险防范与公众监督	进行污染地块相关风险管控，修复单位及其委托人严格按照相关要求对污染地块实施风险管控和修复措施，防止地块发生二次污染

主要任务			任务实施要求和对产业发展的影响分析
加强部门信息共享	18-19	建立信息共享机制	各级相关部门应实现土壤污染状况普查、详查和监测数据等环境有关数据资源的信息共享
严格监督执法	20	强化执法监管	将土壤污染防治执法纳入日常环境监管执法计划。创新监管手段和机制，依据土壤违法行为特点，加强培训和案例教学，提升执法能力，加强土壤环境日常执法。完善环境违法有奖举报制度

1.2.2 提升技术水平型政策

2019 年国家和各省份出台了多项土壤环境管理的技术标准、指南、规范等（含征求意见稿），详见本书附件。这些标准、指南等进一步促进了我国土壤修复咨询服务技术水平的提升。

（1）HJ 25 系列技术导则的修订是近年来对实践经验的总结与提升

2019 年 12 月，生态环境部发布了有关污染地块调查、监测、风险评估、修复技术的 HJ 25 系列技术导则。这些文件是 2014 年版的升级，针对近几年土壤环境调查、监测和风险评估中遇到的一些问题，提出了解决途径。如进一步明确了土壤纵向采集样品的判断方法，增加了非水相液体（NAPL）污染物样品采集技术要求，突出了经验判断法在土壤环境采样布点中的重要性等，进一步体现出土壤环境调查的针对性、差异性、灵活性等特点，以及土壤环境采样全过程的规范性和质量控制要求。

《建设用地土壤污染状况调查技术导则》（HJ 25.1—2019）和《建设用地土壤污染风险管控和修复监测技术导则》（HJ 25.2—2019）在 2014 年版的基础上进行了较大调整。表 1-4、表 1-5 为这两个技术导则的核心技术要点。

表 1-4　HJ 25.2—2019 的土壤环境调查技术要点

要点	初步调查技术要求	详细调查技术要求
划分工作单元，作为监测点位布设的基础	可根据原地块使用功能和污染特征，选择可能污染较重的若干工作单元，作为土壤污染物识别的工作单元	如地块不同区域的使用功能或污染特征存在明显差异，则可根据土壤污染状况调查获得的原使用功能和污染特征等信息，采用分区布点法划分工作单元，在每个工作单元的中心采样
监测点位布设原则	原则上监测点位应选择工作单元的中心或有明显污染的部位	
特定情况下采用系统随机布点法的情形	对于污染较均匀的地块（包括污染物种类和污染程度）和地貌严重破坏的地块（包括拆迁性破坏、历史变更性破坏），可根据地块的形状采用系统随机布点法，在每个工作单元的中心采样	对于污染较均匀的地块（包括污染物种类和污染程度）和地貌严重破坏的地块（包括拆迁性破坏、历史变更性破坏），可采用系统布点法划分工作单元，在每个工作单元的中心采样
监测点位的数量确定	监测点位的数量与采样深度应根据地块面积、污染类型及不同使用功能区域等调查的阶段性结论确定（即未提出数量上的定量要求）	单个工作单元的面积可根据实际情况确定，原则上不应超过 1 600 m^2。对于面积较小的地块，应不少于 5 个工作单元
采样深度（最大采样深度）的确定	对于每个工作单元，表层土壤和下层土壤垂直方向层次的划分应综合考虑污染物迁移情况、构筑物及管线破损情况、土壤特征等 采样深度应扣除地表非土壤硬化层厚度，原则上应采集 0～0.5 m 表层土壤样品，0.5 m 以下下层土壤样品采用判断布点法采集，建议 0.5～6 m 土壤采样间隔不超过 2 m。不同性质土层至少采集一个土壤样品；同一性质土层厚度较大或出现明显污染痕迹时，根据实际情况在该层位增加采样点 一般情况下，应根据地块土壤污染状况调查的阶段性结论及现场情况确定下层土壤的采样深度，最大深度应直至未受污染的深度为止	采样深度应至土壤污染状况调查初步采样监测确定的最大深度，深度间隔与初步调查阶段的要求一样

表 1-5 HJ 25.1—2019 和 HJ 25.2—2019 的地下水环境调查技术要点

要点	HJ 25.1—2019 提出的要求（未区分初步阶段和详细阶段）
原则性要求	地下水采样点的布设应考虑地下水的流向、水力坡降、含水层渗透性、埋深和厚度等水文地质条件及污染源和污染物迁移转化等因素
	对于地块内或临近区域内的现有地下水监测井，如果符合地下水环境监测技术规范，则可以作为地下水的取样点或对照点
要点	HJ 25.2—2019 提出的要求（未区分初步阶段和详细阶段）
地下水流向及地下水位的判断方法	可结合土壤污染状况调查的阶段性结论，间隔一定距离按三角形或四边形至少布置 3～4 个点位进行监测判断
监测点位布设方法	①应沿地下水流向布设，可在地下水流向上游、地下水可能污染较严重区域和地下水流向下游分别布设监测点位；②详细调查过程中，确定地下水污染程度和污染范围时，应参照详细监测阶段土壤的监测点位，根据实际情况确定，并在污染较重区域加密布点
	如地块面积较大，地下水污染较重，且地下水较丰富，可在地块内地下水径流的上游和下游各增加 1～2 个监测井
	如果地块内没有符合要求的浅层地下水监测井，则可根据调查的阶段性结论在地下水径流的下游布设监测井
	如果地块地下岩石层较浅，没有浅层地下水富集，则在径流下游方向可能的地下蓄水处布设监测井
地下水监测井深度	①应根据监测目的、所处含水层类型及其埋深和相对厚度来确定监测井的深度，且不穿透浅层地下水底板；②地下水监测目的层与其他含水层之间要有良好的止水性
	若前期监测的浅层地下水污染非常严重，且存在深层地下水时，可在做好分层止水条件下增加一口深井至深层地下水，以评价深层地下水的污染情况
地下水的采样深度	一般情况下，采样深度应在监测井水面 0.5 m 以下
	①对于低密度非水溶性有机物污染，监测点位应设置在含水层顶部；②对于高密度非水溶性有机物污染，监测点位应设置在含水层底部和不透水层顶部
对照监测井	一般情况下，应在地下水流向上游的一定距离设置对照监测井

（2）地方风险管控标准的出台扩大了特征污染物范围

2019 年江西省和深圳市发布了建设用地土壤污染风险管控标准的征求意见稿，在国家规定的 85 种污染物以外，分别新增了 47 种和 66 种污染物的筛选值和管制值，扩大了污染物的类型和数量，对我国其他省份开展复杂地块污染调查和风险评估具有积极意义。深圳市是自 2016 年以来第一个公开土壤环境背景值标准的城市，目前虽然公开的是征求意见稿，但其导向和鼓励意义重大，《深圳市建设用地土壤污染风险筛选值和管制值（试行）》中 66 种污染物名称见表 1-6。

表 1-6 《深圳市建设用地土壤污染风险筛选值和管制值（试行）》中 66 种污染物名称

类型	数量	污染物名称
重金属与无机物	9 种	铬、硒、银、铊、钼、钡、锰、锌、氟化物
挥发性有机物	22 种	溴甲烷、二溴甲烷、溴氯甲烷、二氯二氟甲烷、三氯氟甲烷、氯乙烷、1,3-二氯丙烷、1,1,2-三氯丙烷、1,2-二溴-3-氯丙烷、溴苯、2-氯甲苯、4-氯甲苯、1,3-二氯苯、1,2,4-三氯苯、1,2,3-三氯苯、1,3,5-三甲苯、1,2,4-三甲基苯、正-丙苯、异丙基苯、正丁基苯、叔丁基苯、仲丁基苯
半挥发性有机物	35 种	2-甲基苯酚、2-硝基苯酚、4-硝基苯酚、2,4-二甲基苯酚、4-氯-3-甲基苯酚、2,4,5-三氯苯酚、4-甲基苯酚、4,6-二硝基-2-甲基苯酚、邻苯二甲酸二甲酯、邻苯二甲酸二正丁酯、邻苯二甲酸二乙酯、苊、芴、蒽、荧蒽、芘、苊烯、苯并[*g,h,i*]苝、菲、2-甲基萘、2-氯萘、双（2-氯乙基）醚、二（2-氯异丙基）醚、2,6-二硝基甲苯、偶氮苯、异氟尔酮、*N*-亚硝基二正丙胺、*N*-亚硝基二甲胺、2-硝基苯胺、4-硝基苯胺、4-氯苯胺、六氯乙烷、六氯丁二烯、二苯并呋喃、二（2-氯乙氧基）甲烷

（3）团体标准的出台丰富了土壤修复咨询服务的技术依据

2019 年，化工行业标准《铬盐污染场地处理方法》（HG/T 5541—

2019)、《镍铬盐污染场地处理方法》(HG/T 5542—2019)发布，自 2020 年 4 月 1 日起实施。这两个化工行业标准对铬盐和镍铬盐污染场地处理具有很好的指导性。浙江省生态与环境修复技术协会团体标准《农用地土壤污染风险评估技术指南》(T/EERT 001—2019)自 2019 年 6 月 1 日起实施。该标准弥补了我国农用地土壤环境风险评估技术方法的空白。土壤修复团体标准的发布将会在很大程度上解决我国土壤修复技术标准缺乏、出台速度慢等现实问题，对推动土壤修复技术的发展必将发挥积极作用。

截至 2019 年，我国发布的土壤修复团体标准或者正在开展意见征询（在编）的团体标准的情况见表 1-7。

表 1-7　截至 2019 年发布（征求意见）或在编的土壤修复团体标准汇总

标准名称	编号/状态	团体名称	起草单位
污染地块勘探技术指南	T/CAEPI 14—2018	中国环境保护产业协会	北京市勘查设计研究院有限公司、上海勘查设计研究院（集团）有限公司、北京建工环境修复股份有限公司、浙江大学、中国环境科学研究院、北京高能时代环境技术股份有限公司、四川省地质工程勘查院、河南省地质环境规划设计院有限公司、煜环环保科技有限公司、北京师范大学
污染地块修复工程环境监理技术指南	T/CAEPI 22—2019	中国环境保护产业协会	轻工业环境保护研究所、生态环境部固体废物与化学品管理技术中心、生态环境部土壤与农业农村生态环境监管技术中心、上海市环境科学研究院、北京市环境科学研究院、北京高能时代环境技术股份有限公司、河南省地质环境规划设计院有限公司、四川省地质工程勘查院、河南金谷实业发展有限公司、北京奥达清环境检测股份有限公司、广东省环境科学研究院

标准名称	编号/状态	团体名称	起草单位
农用地土壤污染风险评估技术指南	T/EERT 001—2019	浙江省生态与环境修复技术协会	生态环境部环境规划院、浙江工业大学、浙江工业大学工程设计集团有限公司、浙江益壤环保科技有限公司、常熟理工学院、绍兴文理学院、浙江云标天测信息科技有限公司
污染地下水原位注入修复技术指南	T/GIA 002—2019	地下水污染防控与修复产业联盟	永清环保股份有限公司、轻工业环境保护研究所、中国地质科学院水文地质环境地质研究所、北京高能时代环境技术股份有限公司、北京德瑞科森环保科技有限公司、宝航环境修复有限公司
焦化污染地块修复技术验证评价规范	在编	中国石油和化学工业联合会	生态环境部环境规划院、上海圣珑环境修复技术有限公司、安徽国祯环境修复股份有限公司、浙江宜可欧环保科技有限公司、上海康恒环境修复有限公司、煜环环境科技有限公司、中国化工环保协会
焦化污染地块风险管控和修复效果评估技术规范	在编	中国石油和化学工业联合会	生态环境部环境规划院、安徽国祯环境修复股份有限公司、实朴检测技术（上海）股份有限公司、煜环环境科技有限公司、上海化工研究院、上海圣珑环境修复技术有限公司、中国化工环保协会
含油污泥处理处置技术规范	征求意见稿	中国石油和化学工业联合会	南京大学、西安石油大学、南京大学宜兴环保研究院
污染地块绿色可持续修复通则	征求意见稿	中国环境保护产业协会	清华大学、中国环境科学研究院、生态环境部环境规划院、北京建工环境修复股份有限公司、北京高能时代环境技术股份有限公司
绿色可持续性修复指南	征求意见稿	地下水污染防控与修复产业联盟	中国环境科学研究院、中国科学院生态环境研究中心、轻工业环境保护研究所、中国地质科学院水文地质环境地质研究所、上田环境修复股份有限公司

（4）污染地块岩土工程勘查技术得到了进一步规范

江苏省地方标准《污染场地岩土工程勘查标准》（DB32/T 3749—2020）自 2020 年 5 月 1 日起正式实施。该标准是继北京市出台《污染场地勘查规范》（DB11/T 1311—2015）和上海市出台《建设场地污染土勘查规范》（DG/TJ 08—2233—2017）之后，国内出台的第三个关于污染场地勘查的地方性标准。化工行业标准《污染场地岩土工程勘查标准》（HG/T 20717—2019）于 2019 年 12 月发布，自 2020 年 7 月 1 日起实施。上述标准体现了污染场地岩土工程勘查的专业性和重要性，对规范我国污染场地岩土工程勘查评价、有效实施污染场地修复工程及再开发利用具有重要的指导意义。

（5）环境监理和修复工程技术规范性文件实现了零的突破

2019 年 12 月 9 日，江苏省生态环境厅公布的《污染地块修复工程环境监理规范（征求意见稿）》及编制说明，是 2019 年在环境监理方面公开的唯一一个技术文件。在修复工程规范文件方面，国家公开了《污染土壤修复工程技术规范 原位热脱附》征求意见稿，这是生态环境部公开的第一个土壤修复工程技术规范性文件，具有重要意义。

（6）重点行业企业用地调查系列技术规范文件的出台必将对咨询服务从业单位技术水平产生深远影响

2019 年，我国重点行业企业用地调查全面开展，主要技术文件见表 1-8，2019 年 11 月总体完成了第一阶段的信息采集工作。该项调查工作涉及 11 万余家在产企业和遗留工业地块，有 500 多家第三方调查单位加入了调查工作，量大面广，影响极大。2017—2019 年全国土壤污染状况详查工作办公室围绕重点行业企业用地调查开展全流程工作，制定了包括信息采集、空间信息采集、风险关注度划分、布点方案编制、现场采样、质量控制等 20 余个项目的一整套的技术规范、指南、工作通知、答疑文件等，尤其是对布点方案的编制、现场采样、质量控制等的技术要求非常细致，是对我国 HJ 25 系列标准非常重要的细化和补充，2020 年承担第二阶段调查的各家技术单位都将按照细化的方法要求开展工作并全面接受各级质量控制，这必将全面提升调查、采样、监测、地勘等咨询服务从业单位的技术水平。

表 1-8　2019 年发布的重点行业企业用地调查主要技术文件

技术文件名称	适用范围和主要内容
重点行业企业用地调查疑似污染地块布点技术规定（试行）	规定了疑似污染地块初步采样调查土壤和地下水布点的工作程序、方法和技术要求，布点目的是尽可能以有限的点位数量确认地块是否存在污染、捕捉污染最严重的区域，为采样和风险分级工作提供依据。本技术规定仅适用于全国土壤污染状况详查、重点行业企业用地调查中疑似污染地块布点工作
重点行业企业用地调查样品采集保存和流转技术规定（试行）	适用于重点行业企业用地调查疑似污染地块土壤和地下水样品的采集、保存和流转
重点行业企业用地调查质量保证与质量控制技术规定（试行）	适用于重点行业企业用地调查的信息采集、风险筛查、布点采样、样品保存和流转、样品分析测试、风险分级等过程的质量保证与质量控制
重点行业企业用地土壤污染状况调查样品采集保存和流转质量控制工作手册（试行）	供重点行业企业用地调查采样单位内审人员、各级外审人员等质量管理人员参考。采样质控工作主要包括采样质量检查、采样单位和质控单位工作质量评估

（7）地下水污染调查逐步精细化

2019 年生态环境部陆续发布实施了多个地下水污染防治相关的技术文件（表 1-9），其中以地下水污染调查为主，与土壤污染调查类似，地下水污染调查分为环境调查、模拟预测、风险评估、污染防治分区等多个环节，在污染防治方面，对加油站、废弃井等特定的污染源发布了专门的防治要求。

表 1-9　2019 年发布的有关地下水污染防治的主要技术文件

序号	文件名称	适用范围和主要内容	发布时间
1	地下水污染防治实施方案	以扭住“双源”（集中式地下水饮用水水源和地下水污染源）为重点保障地下水饮用水水源环境安全，严控地下水污染源	2019 年 3 月印发
2	加油站防渗改造核查要求	对清单中已经完成改造的加油站、建站 15 年以上的加油站、周围存在饮用水水源等敏感目标的加油站按照核查技术要点开展核查	2019 年 3 月印发
3	地下水污染防治分区划分技术要求	综合考虑地下水水文地质结构、脆弱性、污染状况、水资源禀赋和行政区划等因素，建立地下水污染防治分区体系，划定地下水污染保护区、防控区及治理区	2019 年 3 月印发
4	地下水污染场地清单公布技术要求	（1）清单筛选范围：化学品生产企业及工业集聚区、矿山开采区、尾矿库、危险废物处置场、垃圾填埋场等造成地下水污染的场地。（2）清单筛选原则：①由于污染场地造成周边水源受到污染的；②已开展地下水环境状况调查评估或土壤污染状况详查，发现确为人为污染且健康风险不可接受的；③发生过地下水污染事故或存在群众反映强烈的	2019 年 3 月印发
5	地下水污染模拟预测评估工作指南	适用于地下水污染概念模型构建、地下水污染现状模拟及地下水污染趋势预测评估等。 主要基于地下水环境调查与评价工作成果，开展地下水污染概念模型构建、地下水污染现状模拟及地下水污染趋势预测工作	2019 年 9 月印发
6	地下水污染健康风险评估工作指南	适用于污染场地地下水人体健康风险评估和污染场地地下水风险控制值的确定，适用于化学性污染物的健康风险评估，不适用于放射性物质、致病性生物污染的健康风险评估，不考虑地下水饮用水水源相关的水厂处理对人群健康风险的影响因素。主要包括风险评估准备、危害识别、暴露评估、毒性评估、风险表征和风险控制值计算等步骤	2019 年 9 月印发

序号	文件名称	适用范围和主要内容	发布时间
7	地下水污染防治分区划分工作指南	适用于区域尺度地下水污染防治分区，精度一般不低于1∶25万。 综合考虑水文地质结构、地下水污染源荷载、脆弱性评价、地下水使用功能、污染状况和行政区划等因素，建立地下水污染防治分区划分体系，划定地下水污染保护区、防控区及治理区。划分工作主要包括地下水污染源荷载评估、地下水脆弱性评估、地下水污染现状评估等步骤	2019 年 9 月印发
8	地下水环境状况调查评价工作指南	适用于集中式地下水饮用水水源以及工业污染源、矿山开采区、危险废物处置场、垃圾填埋场等污染源及周边的地下水环境状况调查评价，可作为分散式地下水饮用水水源和其他污染源地下水环境调查评价的参考。 定期更新集中式地下水饮用水水源和污染源清单，确定重点调查对象，明确初步调查、详细调查、补充调查、调查评价等报告编写要求	2019 年 9 月印发
9	废弃井封井回填技术指南（试行）（征求意见稿）	适用于废弃矿井、钻井和取水井的判定、环境风险评估、封井回填与验收。制定了相应工作的内容、流程和技术要求	2019 年 12 月征求意见
10	地下水污染源防渗技术指南（试行）（征求意见稿）	适用于已建成的工业企业、矿山开采区、尾矿库、危险废物处置场、垃圾填埋场等地下水污染源的防渗工作，其他污染源可参照执行。不适用于放射性核素的开采、加工场地及核废料贮存场地的防渗工作。规定了地下水污染源防渗的原则、工作内容和流程、工作程序和技术要求	2019 年 12 月征求意见

（8）重点区域不断强化土壤环境监管

作为土壤环境管理的重点区域，2018—2019 年天津市、广州市出台的土壤环境管理方面的文件较多（表 1-10 和表 1-11）。重点是围绕重点行业企业用地调查、工程实施过程中环境监管、环境监测的规范管理，以及各类技术报告的评审管理等所需的规范文件。天津市出台了《关于加强企业拆除活动环境监管工作的通知》《污染地块再开发利用管理工作程序（试行）》《关于进一步做好土壤污染重点监管单位环境监管工作的通知》《关于做好我市建设用地土壤污染调查、风险评估、风险管控和修复效果评估报告评审有关工作的通知》等，广州市出台了《关于开展工业企业场地再开发利用相关活动中环境监测工作质量监督检查的通知》《关于明确工业企业场地再开发利用相关活动中有关事项的通知》《关于强化污染地块再开发利用环境管理相关工作的通知》《广州市工业企业场地环境保护技术文件专家咨询论证工作程序（试行）》等。

表 1-10　2018—2019 年天津市出台的土壤环境管理文件汇总

序号	文件名称	发文单位	发文/执行时间
	环境监管		
1	关于加强企业拆除活动环境监管工作的通知（津环保便函〔2018〕99 号）	天津市环境保护局	2018 年 4 月
2	污染地块再开发利用管理工作程序（试行）（津环保土〔2018〕82 号）	天津市环境保护局、天津市国土房管局、天津市规划局、天津市工业和信息化委员会	2018 年 6 月
3	关于实施《天津市坚决遏制固体废物非法转移和倾倒　进一步加强危险废物全过程监管实施方案》的通知（津环保土〔2018〕85 号）	天津市环境保护局	2018 年 6 月
4	关于规范我市有害垃圾管理工作的通知（津环土〔2018〕10 号）	天津市生态环境局	2018 年 12 月
	实验室管理		
5	天津市加强生态环境监测机构监督管理工作实施意见（津环科〔2019〕37 号）	天津市生态环境局、天津市市场监督管理委员会	2019 年 4 月

序号	文件名称	发文单位	发文/执行时间
6	关于开展重点行业企业用地调查检测实验室筛选工作的通知（津环土〔2019〕117 号）	天津市生态环境局	2019 年 12 月
7	关于发布重点行业企业用地调查检测实验室名录的通知（津环土〔2020〕3 号）	天津市生态环境局	2020 年 1 月
	在产企业土壤环境管理		
8	关于进一步做好土壤污染重点监管单位环境监管工作的通知（津污防土〔2019〕45 号）	天津市净土办	2019 年 12 月
	技术文件编制与评审管理		
9	建设用地土壤环境调查评估及治理修复文件编制大纲（试行）	天津市环境保护局	2018 年 4 月
10	关于做好我市建设用地土壤污染调查、风险评估、风险管控和修复效果评估报告评审有关工作的通知（津环土〔2019〕57 号）	天津市生态环境局、天津市规划和自然资源局	2019 年 6 月
	名录制度管理		
11	部分环境影响轻微建设项目差别化管理名录（修订）（津环保规范〔2018〕2 号）	天津市环境保护局	2018 年 6 月
12	天津市建设用地土壤污染风险管控和修复名录（津环土〔2019〕98 号）	天津市生态环境局、天津市规划和自然资源局	2019 年 9 月

表 1-11　2018—2019 年广州市出台的土壤环境管理文件汇总

序号	文件名称	发文单位	发文/执行时间
	环境监管		
1	关于印发广州市污染地块再开发利用环境管理实施方案（试行）的通知（穗环〔2018〕26 号）	广州市环境保护局、广州市国土资源和规划委员会、广州市住房和城乡建设委员会、广州市城市更新局	2018 年 1 月

序号	文件名称	发文单位	发文/执行时间
2	关于开展工业企业场地再开发利用相关活动中环境监测工作质量监督检查的通知（穗环函〔2018〕2044号）	广州市环境保护局	2018年7月
3	关于进一步加强工业企业场地再开发利用活动中环境监测质量监督管理有关工作的通知（穗环函〔2018〕2265号）	广州市环境保护局	2018年8月
4	关于明确工业企业场地再开发利用相关活动中有关事项的通知（穗环函〔2018〕2319号）	广州市环境保护局	2018年8月
5	关于进一步明确再开发利用工业企业场地环境监测有关事项的通知（穗环〔2018〕160号）	广州市环境保护局	2018年9月
6	关于强化污染地块再开发利用环境管理相关工作的通知	广州市生态环境局	2019年12月
技术规范			
7	广州市工业企业场地环境调查、治理修复及效果评估技术要点（穗环办〔2018〕173号）	广州市环境保护局	2018年11月
8	广州市农用地转为建设用地土壤污染状况调查工作技术指引（试行）（穗环〔2019〕130号）	广州市生态环境局	2019年12月
技术报告评审管理			
9	广州市工业企业场地环境保护技术文件专家咨询论证工作程序（试行）	广州市环境保护局	2018年5月
10	关于建设用地土壤污染状况调查报告评审等工作分工的通知	广州市生态环境局	2019年12月

1.2.3 规范报告评审型政策

2019年12月，生态环境部会同自然资源部发布了《建设用地土壤污染状况调查、风险评估、风险管控及修复效果评估报告评审指南》（以下简称《指南》），作为指导和规范建设用地土壤污染状况调查报告、风险评估报告、效果评估报告的编写工作和评审活动的主要依据。该指南的主要内容见表1-12。

表1-12 《指南》主要内容

项目	主要内容
组织评审方式	指定或委托第三方专业机构评审或者组织评审，明确第三方专业机构可以采取组织专家评审的方式，也可以由机构自行进行评审
部门分工	明确了生态环境部门和自然资源部门在评审管理全过程中的职责分工
有关原则	明确了要“正确区分客观不确定性和弄虚作假，实事求是，分类处理”的原则
相关报告的重新评审	共计提出了三种情形，其中第三种情形为：报告编制质量评审未通过的，经修改完善后应当重新评审
申请材料	明确了风险评估报告和效果评估报告评审前应提交的各项材料，需要注意的是风险评估报告评审过程中，可以不单独提交水文地质报告，将其含在调查报告中即可。效果评估报告评审前，根据需要可提交风险管控/修复设计方案
专家审查的形式	一般为会议审查，并结合必要的现场踏勘。提出了包括“查阅资料”“抽样检测”等要求
建立专家库	总体由省级层面开展专家库建设，市级在调查报告评审过程中，主要从省级专家库中抽取或者选择专家，同时允许地级市建立本行政区域的专家库
专家应具备的条件	具有高级以上专业技术职称或者取得相关行业职业资格证书，且从事相关专业领域工作3年以上

项目	主要内容
专家组成	提出不少于 3 人的最低要求
	需要注意的是：建设用地土壤污染涉及有色金属冶炼、石油加工、化工、焦化、电镀、制革等行业及从事过危险废物贮存、利用、处置等相关企业的，至少有 1 名熟悉相关工艺流程的行业专家。涉及重点防控行业地块的技术报告评审过程需要有行业专家的加入
	专家组组长原则上应有建设用地土壤污染风险评估的从业经验
第三方专业机构评审	承担审查任务合同期内不得承接或者参与本行政区域内所评审类别的项目
关于评审意见	明确了土壤污染状况调查遵循分阶段调查的原则，土壤污染状况调查报告为根据国家相关标准规范可以结束调查时的完整调查报告
	明确了“报告是否通过”的三种情形
评审后的管理	生态环境主管部门会同自然资源主管部门应当于评审意见形成后 5 个工作日内，采取适当形式将评审意见告知申请人
档案、信息管理	档案保存期限不少于 30 年。体现了终身责任追究的要求
	提出了土壤污染状况调查报告上传信息系统的要求
报告质量信息公开	组织评审的部门应当定期将报告评审汇总情况在其官网上予以公布（每年至少一次），公开内容包括但不限于以下内容：报告编制单位名称、提交报告次数、一次性通过率。报告质量用报告评审通过率的指标进行衡量

《指南》提出了“整体性原则”和“实事求是原则”，这两项原则在土壤环境调查评估等技术或管理性文件中是第一次提出，具有重要意义。“整体性原则”表明了土壤环境调查工作客观上是一个不断推进和深入的过程，满足了土壤环境调查阶段评审要求的项目，仍可能在风险评估阶段不能满足该阶段的工作要求和评审要求，为此需要开展补充性调查。

通过这些论述，再次认识到土壤环境调查本身具有不确定性的客观特点，土壤环境调查不能一味强调“一次调查定终身”。“实事求是原则”突出了土壤环境调查的难度和特殊性，现实实践中可能会出现前一阶段未调查到的污染区域或者污染物，在后续阶段被发现了，这时不能“一棍子打死”，认定是前一阶段工作的失职，而是应该对前一阶段调查工作开展的方法、程序、合同约定等进行客观、公正的分析，在客观原因造成的调查不确定性和主观的弄虚作假、故意回避问题之间做出实事求是的判断和认定。

《指南》包含内容较全面。对《指南》的理解可包括如下内容。

（1）适用范围

《指南》开篇明确了适用范围，主要是根据《土壤污染防治法》提出的，由市级、省级相关部门组织评审技术报告的评审要求，但《指南》并未对如何开展土壤修复技术方案（或设计方案）的评审活动提出具体要求。《土壤污染防治法》也并未明确规定土壤修复方案的评审组织和实施要求，仅在第六十四条规定：“对建设用地土壤污染风险管控和修复名录中需要实施修复的地块，土壤污染责任人应当结合土地利用总体规划和城乡规划编制修复方案，报地方人民政府生态环境主管部门备案并实施。”应对这一情况，各地采取的主要做法是由地级市生态环境部门组织专家评审，评审结束后出具（或不出具）复函。建议各省（区、市）在完善技术报告评审管理体系过程中，明确土壤修复技术方案（设计方案）的评审操作细则。

（2）组织评审方式

《指南》中规定了三种组织评审方式。在现实操作过程中，调查报告多数情况下是由市级生态环境主管部门会同自然资源主管部门直接组织专家进行评审，风险评估报告和效果评估报告是由省级生态环境主管部门委托第三方专业机构组织评审，第三方专业机构再组织专家组进行评审，而省级生态环境主管部门和自然资源主管部门人员是否需要参加评审会议，《指南》中并未做具体要求，导致部分省级部门在执行过程中，以此为由不派人参加评审活动，而《土壤污染防治法》中要求省级生态环境部门会同自然资源部门组织评审会议，以落实《土壤污染防治法》提出的责任要求。建议省级层面上应重点在评审参会单位方面做出明确规定。

（3）部门分工

《指南》提出了在评审全过程中生态环境部门和自然资源部门的职责分工，这有利于指导实际操作过程。根据职责分工，针对调查报告和土壤修复方案编制过程中所需要的地块信息，土地使用权人信息，地块未来规划用途、用地审查和规划许可等方面的信息，应到项目所在地自然资源主管部门查找，自然资源主管部门有必要配合和有责任出具相应的证明材料。报告编制单位应将上述信息证明材料作为报告的附件。

（4）抽样检测

《指南》提出了评审组织部门可以开展抽样检测的规定，在专家审查过程中，评审专家也可以要求开展抽样检测。这些是土壤环境程序管理中提出的新要求，促进了各级生态环境主管部门逐步建立健全监管机制，依法对土壤污染现场调查、风险管控和修复、效果评估等不同阶段开展现场检查和必要的环境抽样监测，通过随机抽取的方法进行进一步验证与核实。

（5）评审专家

《指南》规定，在土壤环境调查报告评审时邀请的专家应在省级生态环境部门会同自然资源部门建立的省级专家库中抽取或者选取。实际工作中需要评审的报告，涉及土壤环境调查、风险评估、效果评估等不同类型，涉及的污染地块类型也是来自不同行业，这些客观现实对评审专家的专业性和经验性提出了很高要求，尤其是开展效果评估工作的专家，效果评估是最后一个把关环节，其评审结果直接决定了地块是否能退出省级风险管控和修复名录。一个专家的专业知识难以“包打天下”，为此，建议省级专家库的建立应更加突出分类性和针对性，区分评审不同类型报告的备选专家，同时对一些评审难度较大、复杂程度较高、经验性要求较高的地块，确定出一批“重点专家”，用于解决“疑难杂症”的评审需要。在省级专家库建立后，应加强对库内专家的培训工作，加大对不断发布的各类法规、标准、指南性文件的培训和交流力度，邀请“重点专家”进行授课。通过多种形式的培训活动，对容易出现的现实问题统一认识，对评审尺度统一把握，消除专家个人主观认识和判断带来的负面影响。

（6）评审意见

《指南》要求，若采取专家评审的方式，专家组应形成评审意见；若未采取专家评审、由第三方专业机构直接进行评审的，则由第三方专业机构根据评审内容要求出具意见。专家组出具的评审意见应由全体专家予以签字确认，第三方专业机构出具的评审意见，对其盖章签字等未提出明确要求。从实际工作需要来看，建议各省（区、市）在实际工作过程中明确要求第三方专业机构在出具的评审意见上盖章，评审负责人和相关人员均应签字确认。

《指南》对评审意见应包含的内容提出了要求，但对调查报告、风险评估报告、效果评估报告三种类型报告评审意见的内容要求显得单薄和不足，技术报告中的重点内容、评审重点未在目前评审意见的内容要求中予以体现。另外，要求中尚未体现自然资源部门对相关内容的确认环节和具体的评审责任。

《指南》提出了评审结论的三种情形，但并未进一步明确三种情形的具体衡量标准，尤其是第三种情形，即“报告评审不通过”。建议各省（区、市）在评审过程中细化此方面的规定，确保评审意见下此结论时依据充分和合理。“评审通过但需要修改完善”的报告再次确认程序和方法在《指南》中未做出明确规定，仅规定提出修改意见和修改后的审核方式，即将这一问题留给地市级、省级评审组织部门在考虑问题修改的难易程度、工作需要和习惯等因素后自行确定。鉴于效果评估报告的重要性，建议报告修改完善后，由原评审专家再次签字确认。

（7）评审后的管理

《指南》要求，形成了专家组的评审意见或第三方专业机构评审意见后，市级生态环境主管部门应将评审意见及时反馈给申请人，申请人根据调查报告的结论确定是否继续开展风险评估；省级生态环境主管部门在将评审意见反馈给申请人的同时会同自然资源主管部门及时将地块纳入省级建设用地土壤污染风险管控和修复名录，或者移出该名录。《指南》中还要求市级或者省级生态环境主管部门需要定期（每年不少于一次）将“评审通过率”这一指标情况向社会公开。这反映出未来在对从业单位进行管理的过程中，将采用这一指标来反映和衡量咨询服务技术水平，达到逐步规范市场的目的。

2019 年广东、上海、河南、福建、安徽、天津、浙江等省（市）和南京、深圳、茂名、东莞等市分别制定了省级和市级土壤环境调查报告、风险评估报告、修复效果评估报告的评审指南、评审工作规程等规范性文件（发布稿或征求意见稿）（表 1-13、表 1-14）。结合各省、市实际情况对评审前后各项活动要求进行了细化，规范了咨询服务单位和评审组织管理部门的相关行为。一些省、市还制定了技术评审要点，明确了评审过程中需要把握和重点评审的技术要点。

各省、市发布的评审管理和技术要点都充分体现出严格评审、严格把关的导向。目前土壤修复咨询服务没有门槛方面要求，但通过提高成果质量和严格把关，同时加上《指南》要求的每年度评审管理部门公开评审通过率等信息，可以促进咨询服务单位不断提高成果质量，间接对目前从业机构实现“优胜劣汰”。

部分省、市文件体现出地方特点和对土壤调查评估与修复技术的认识程度。广东省、河南省和茂名市注重项目实施过程，地方管理部门可委托开展土壤和地下水的抽样检测工作，并将抽样检测结果作为管理的依据之一。如广东省规定，地级以上生态环境主管部门根据工作需要开展现场抽样检测工作；河南省规定抽测结果可作为省级相关部门开展效果评估评审活动的依据之一；茂名市提出，生态环境主管部门对污染地块开展的日常检测结果可作为地块调查报告评审的依据。广东省还提出“基于安全因素需要提前进行基坑回填，或者由于施工需要继续清挖已有基坑的，申请人可申请阶段性评估。阶段性评估是由广东省固体废物和化学品环境中心组织专家进行评估，确认基坑底部和侧壁修复效果达到修复目标值后，方可进行下一步施工。申请人需采取有效措施确保基坑安全”。这是一个非常有开创性的规定，开挖的基坑可以开展阶段性效果评估，最重要的是达到修复目标要求后，基坑可以开展下一步工程施工工作，而不必一定等到整个地块完成治理修复后才能进行土地开发工作。安徽省规定，初步调查结果为污染地块的，可直接开展详细调查而无须进行初步调查报告的评审。南京市的调查报告评审管理办法提出，评审专家对出具的审查意见终身负责。东莞市提出“调查报告评审过程中检测单位和地质勘查单位均需要现场介绍工作开展情况，评审结果单独出具，从业部门在出具评审结果时需回避”，进一步明确了调查单位、地质勘查单位和分析检测单位在土壤环境调查中各自的职责范围，不同单位为各自出具的报告分别负责，改变了过去土壤环境调查单位还一并承担水文地质调查和分析检测责任的状况。

表 1-13　部分地区发布的有关报告评审文件

序号	名称	适用地区	时间
1	建设用地土壤污染状况调查、风险评估、风险管控及修复效果评估报告评审指南	全国	2019 年 12 月印发
2	广东省土壤污染风险管控和修复效果评估报告评审工作程序规定（试行）（征求意见稿）	广东省	2019 年 2 月征求意见
3	广东省建设用地土壤污染风险评估报告评审工作程序规定（试行）（征求意见稿）	广东省	2019 年 2 月征求意见
4	深圳市建设用地土壤环境调查报告编制技术规范及评审要点（试行）（征求意见稿）	深圳	2019 年 7 月征求意见
5	深圳市建设用地土壤污染状况调查报告评审工作程序（试行）	深圳	2019 年 7 月印发
6	茂名市建设用地土壤污染状况调查报告评审工作程序（试行）（征求意见稿）	茂名市	2019 年 11 月征求意见
7	上海市建设用地地块土壤污染状况调查、风险评估、效果评估等报告评审规定（试行）	上海	2019 年 6 月印发
8	河南省建设用地土壤污染风险评估报告评审工作流程（试行）	河南省	2019 年 6 月印发
9	河南省建设用地土壤污染风险管控和修复效果评估报告评审工作流程（试行）	河南省	2019 年 6 月印发
10	福建省建设用地土壤污染风险评估、风险管控效果评估、治理与修复效果评估报告省级评审工作规程（试行）	福建省	2019 年 9 月印发
11	安徽省建设用地土壤污染状况调查报告、风险评估报告和治理修复效果评估报告评审规定（试行）	安徽省	2019 年 6 月印发

序号	名称	适用地区	时间
12	天津市生态环境局、天津市规划和自然资源局关于做好我市建设用地土壤污染调查、风险评估、风险管控和修复效果评估报告评审有关工作的通知	天津市	2019 年 6 月发布

表 1-14　部分地区发布的有关报告评审管理规定

序号	发布部门和时间	文件名称
市级规定		
1	南京市生态环境局、南京市规划与自然资源局，2020 年 1 月印发	南京市建设用地土壤污染状况调查报告评审工作管理办法（试行）
2	茂名市生态环境局，2019 年 11 月印发	茂名市建设用地土壤污染状况调查报告评审工作程序（试行）（征求意见稿）
3	深圳市生态环境局和深圳市自然资源管理局，2019 年 7 月印发	深圳市建设用地土壤污染状况调查报告评审工作程序（试行）
4	东莞市生态环境局办公室，2019 年 2 月印发	东莞市建设用地场地环境调查工作及评审技术要点
省级规定		
5	上海市生态环境局、上海市规划和自然资源局，2019 年 6 月印发	上海市建设用地地块土壤污染状况调查、风险评估、效果评估等报告评审规定（试行）
6	浙江省生态环境厅，2019 年 6 月印发	浙江省生态环境厅关于印发《建设用地土壤污染状况调查报告、风险评估报告和修复效果评估报告技术审查表》的函
7	天津市生态环境局、天津市规划和自然资源局，2019 年 6 月印发	关于做好我市建设用地土壤污染调查、风险评估、风险管控和修复效果评估报告评审有关工作的通知
8	安徽省生态环境厅、安徽省自然资源厅，2019 年 6 月印发	关于印发《安徽省建设用地土壤污染状况调查报告、风险评估报告和治理修复效果评估报告评审规定（试行）》的通知

1.2.4 资金保障型政策

2019 年 6 月，财务部印发《土壤污染防治专项资金管理办法》（财资环〔2019〕11 号），对 2016 年制定的资金管理办法进行了修订。修订后的资金管理办法第五条提出了资金重点支持范围，包括：①土壤污染状况详查和监测评估；②建设用地和农用地地块调查与风险评估；③土壤污染源头防控；④土壤污染风险管控；⑤土壤污染治理修复；⑥支持设立省级土壤污染防治基金；⑦土壤环境监管能力提升及与土壤环境质量改善密切相关的其他内容。2019 年 5 月，生态环境部印发的《关于开展 2019 年度中央环保投资项目储备库建设的通知》，要求各省（区、市）上报包含土壤污染防治项目类型在内的环保建设项目，纳入中央环保投资储备库进行综合管理，为提高土壤污染防治专项资金投资效率奠定基础。在该通知的土壤污染防治项目中，首次将农用地和建设用地土壤污染状况调查评估项目纳入了支持范围，同时明确中央财政资金不支持"污染有主"和修复后通过地产开发等方式获得投资回报的申报项目。

2019 年各省（区、市）获得的中央财政专项资金与当年环境修复项目（包括咨询服务项目和修复工程项目）资金的比值如图 1-1 所示，通过该比值大致可以看出各省（区、市）土壤修复项目资金与中央财政专项资金之间的关系。2019 年陕西、福建、云南、河北、青海、宁夏、黑龙江等省（区）获得的中央财政资金与当年土壤修复项目资金的比值大于 1.5，表明这些省（区）对中央财政专项资金具有较强的依赖性；广东、山东、安徽、重庆、四川、江苏、新疆、山西、上海、天津、北京等省（区、市）获得的中央财政资金与当年土壤修复项目资金的比值小于 0.5，表明这些省（区、市）主要依靠社会资金推动土壤环境修复项目的实施。

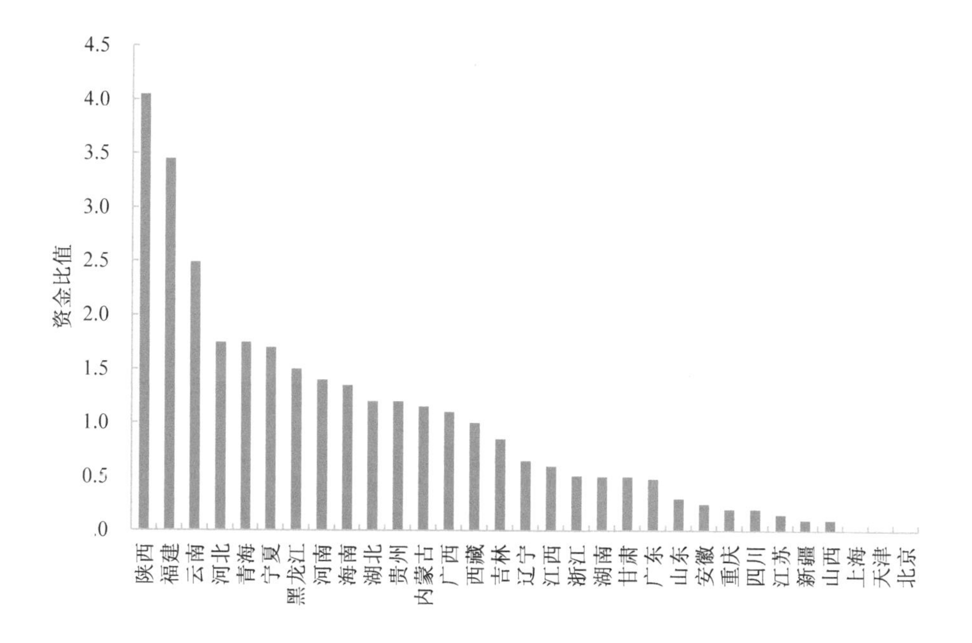

图1-1 2019年各省（区、市）获得的中央财政资金与当年土壤修复项目资金的比值

“十三五”期间中央财政共计下达土壤污染防治专项资金259.13亿元。其中2016年68.75亿元、2017年65.38亿元、2018年35亿元、2019年50亿元、2020年40亿元。每年度专项资金在各省份进行分配时，将治理任务的轻重作为重要因素进行考虑。经济发展相对落后一些的中西部省份获得的资金比经济较为发达的省份要多，由于地方政府资金配套能力弱和地产开发需求相对较弱，国家专项资金是中西部大多数省份土壤修复市场主要的和稳定的资金来源。

1.3 典型制度分析

1.3.1 土壤环境管理名录制度

建立并不断完善我国污染土壤环境管理制度体系是《土壤污染防治行动计划》确定的根本性任务之一。2017 年环境保护部发布了《污染地块土壤环境管理办法（试行）》（环保部令第 42 号），明确提出了建立疑似污染地块名单制度和污染地块名录制度；《土壤污染防治法》明确提出，建立建设用地土壤污染风险管控和修复名录制度。疑似污染地块名单制度、污染地块名录制度、建设用地土壤污染风险管控和修复名录制度（以下简称“一名单二名录”制度）环环相扣，形成一个有机整体，疑似污染地块名单制度把住进入土壤环境管理程序的“入口”关，污染地块名录制度把住开展详细调查的关口，建设用地土壤污染风险管控和修复名录制度把住风险超过可接受水平地块的“入口”关和达到修复目标的要求、可实现安全利用的“退出”关口。上述三个制度共同构成了我国污染地块土壤环境管理的基本制度。与三个制度实施密切相关的技术报告，分别是初步调查报告、风险评估报告和效果评估报告。

“一名单二名录”制度在执行过程中的主要问题表现在以下方面。

1）疑似污染地块名单制度和污染地块名录制度未明确“退出”的程序和要求。疑似污染地块名单制度和污染地块名录制度主要明确了进入名单或者名录的条件（情景），但并未明确移出该名单和名录的条件（要求），如经初步调查后表明土壤中污染物浓度并未超过《土壤环境质量 建设用地土壤污染风险管控标准（试行）》（GB 36600—2018）（以下简称“36600 标准”）中的筛选值，但进入“疑似污染地块名单”中的地块，如何从该名单中退出的程序和方法并未明确。另外，当地块中污染物浓度超过了“36600 标准”中的筛选值时即进入名录，而退出省级建设用地土壤污染风险管控与修复名录的条件是达到预定的风险管控或治理修复目标且能够安全利用，当修复目标值大于“36600 标准”中筛选值时，是否可以从污染地块名录中退出的问题在现行制度中并未明确。实际工作中需要协调处理好二者的退出关系，以及明确退出后的跟踪监管要求。

2）疑似污染地块名单制度和污染地块名录制度的执行者与管理办法的要求不一致。实际操作中，疑似污染地块名单主要由市级生态环境部门确定并公布，而污染地块名录由省级生态环境部门制定并公布。执行过程中出现了两者不一致的情况。

3）各地纳入疑似污染地块名单的地块数量明显偏少。当前生态环境部正在组织开展全国重点行业企业用地土壤污染状况调查，各地级市都已经明确了淘汰的遗留地块名单。根据相关规定，需要开展重点行业企业调查的淘汰类地块一般情况下都应纳入疑似污染地块名单。但从各地公布的疑似污染地块名单来看，数量明显偏少。说明在公布名单时，各地生态环境部门存在一定的保守、谨慎的态度，仅将一些已经启动调查的地块纳入疑似污染地块名单中，这与制定疑似污染地块名单制度的初衷和目的不一致。

4）信息公开内容不统一。一方面，“一名单二名录”本身应包含的信息内容不统一；另一方面，土地使用权人负责公开的初步调查报告和详细调查报告的主要内容，并没有明确公开内容的范围和深度上的要求。从实际操作情况来看，各地公开信息内容的差异较大，如污染地块名录信息，部分省份仅简单地公开地块名称、地理位置等，而一些省份则公开内容相对较多，包括地块名称、地理位置、四至范围、主要污染物和污染状况、管控要求，以及土地使用权人公开调查报告的网址信息等，各地执行情况不一。

5）在现行技术规范中缺乏初步调查报告的编制要求，各地评审过程中把握尺度不一，从而影响污染地块名录制度的有效实施。现有各项技术规范和指南对初步调查报告的要求较少，《指南》中也仅是简单地提出地块面积大于 5 000 m^2 时，调查点位数量不少于 6 个的要求，难以有效指导现实工作。各地对初步调查报告的评审把关尺度不一，评审过程中主要关注点位数量是否足够、点位设置是否有针对性和代表性、采样深度是否可以揭示土壤污染最大深度、地下水采样分析是否可以揭示地下水流向与土壤污染的关系、水文地质勘查是否可以支持详细调查的开展等，部分把关点甚至远远超过了现有技术规范对初步调查提出的要求。为有效、规范推动初步调查工作的开展，需要从初步调查与详细调查有效衔接、指导初步调查报告评审的角度进一步细化现有技术规范对初步调查的相关要求，以更好地支持污染地块名录制度实施。

1.3.2 从业机构和从业人员管理制度

（1）对从业机构的管理

2019 年北京、上海和广州等公布了从业机构调查评估报告通过率等信息。北京市生态环境局 2019 年度针对北京市建设用地土壤污染风险评估报告、风险管控/修复效果评估报告共计进行了 36 次报告评审。一次性通过评审的报告数量为 23 份，通过率为 63.9%，3 份报告经两次评审后仍未通过。

上海市生态环境局公布了 2019 年 7 月 1 日—12 月 31 日报告编制单位提交的土壤污染状况风险评估报告或土壤修复效果评估报告评审通过情况统计结果，对共计 16 家机构的 34 份报告进行了评审。一次性通过评审的报告数量为 20 份，通过率 58.8%。

广州市生态环境局公布了 2019 年度广州市土壤污染状况调查报告评审情况，共计 35 家咨询服务机构提交了 106 份报告。一次性通过评审的报告数量为 85 份，通过率 80.2%。

以广东省为代表的部分省份对从业机构的审核提出了更高要求，从业机构在广东省开展土壤污染调查评估活动前需到省生态环境厅登记，并开展从业机构信息化管理。从业机构登记时需提供资质、人员职称、业绩、办公场所、调查设备等信息，经审核通过后方可开展调查评估工作，为行业的规范化提供了有力保障。

（2）对从业人员的管理

为贯彻落实党的十九大关于“健全环保信用评价制度”的部署要求，加快环保信用体系建设，加大生态环境领域监管力度，促进第三方服务市场健康发展，2019 年，江苏、浙江等省份相继出台调查评估从业人员的管理办法。

江苏省印发了《江苏省生态环境第三方服务机构及从业人员信用监督暂行办法》，办法指出生态环境主管部门应对第三方机构及从业人员进行监督管理，第三方机构法定代表人（主要负责人）和从业人员应做出信用承诺，签署信用承诺书，同时监管信息作为第三方机构及从业人员的信用信息，归集至第三方信用信息服务平台；公众可通过第三方信用信息服务平台查询第三方机构及从业人员的信用信息，可实名举报项目信息不真实等问题。生态环境主管部门建立“守信激励、失信惩戒”的监管机制，定期公布项目业绩突出、客户满意度高或受到表彰奖励的第三方机构及从业人员，并在政府采购、财政性资金扶持、金融信贷、评先评优等方面给予优先支持；及时公布有违法违规等失信记录的第三方机构及从业人员，在政府采购、生态环境专项资金补助、评先评优等方面予以限制。生态环境主管部门将信用信息共享给信用管理部门、市场监督管理部门及开展联合奖惩的相关职能部门，纳入公共信用信息共享平台、市场监管信息平台，奖惩措施由具体施行单位确定。对于存在严重失信行为的第三方机构及从业人员，按照有关规定纳入“黑名单”管理。

浙江省生态环境厅制定了《浙江省企业环境信用评价管理办法（试行）》，生态环境主管部门根据企业环境行为信息，按照规定的指标、方法和程序，对企业环境行为进行信用评价，确定信用等级，并向社会公开，供公众、有关部门、机构及组织监督使用。

上述规定虽然没有明确提出对环境修复行业的从业机构和从业人员建立环保信用评价制度，但环境修复咨询服务机构和工程施工机构都属于环境第三方服务机构，所以江苏和浙江两省有望在全国率先实施环境修复咨询服务与工程施工机构和从业人员的信用评价制度。

2019 年 12 月，生态环境部和自然资源部联合印发的《指南》规定，评审前的申报材料中除了技术报告，还应提供：①评审申请表，加盖单位公章；②申请人承诺书，需加盖单位公章和附法定代表人签名；③报告出具单位承诺书，需加盖单位公章，附法定代表人签名和项目直接负责人、章节编制负责人的签名等。咨询服务单位和个人承诺对提交报告的真实性、准确性、完整性负责，并按照约定对风险管控、修复、后期管理等活动结果负责。通过单位盖章、法定代表人签名和编制人员签名等方式，体现从业单位和个人都应承担相应的法律责任。这些材料将作为档案资料，留存 30 年，体现出对从业机构和从业相关责任人终身责任追究制度的要求。评审前的技术报告、评审后经修改完善的正式报告，以及评审意见等材料，需要上传至全国土壤环境信息平台，申请人承诺书和报告出具单位承诺书是否也需要上传，在《指南》中并未提出明确要求。与此同时，评审专家在评审意见上签字确认后对报告质量承担怎样的责任和义务问题，在《指南》中并未涉及。《土壤污染防治法》提出对从业机构和个人实行信用管理制度，并对不同违法情况提出了相应的罚则要求。由此，上述报告评审通过率、单位和个人签名确认制度、终身责任追究制度、信用管理制度，以及违法后承担的行政刑事责任，共同构成了对从业机构和从业人员的管理体系。

1.3.3 效果评估严格把关制度

2018 年 12 月生态环境部发布实施了《污染地块风险管控与土壤修复效果评估技术导则（试行）》（HJ 25.5—2018），2019 年 6 月发布实施了《污染地块地下水修复和风险管控技术导则》（HJ 25.6—2019），两项技术导则详细规定了污染地块风险管控与土壤修复、地下水修复效果评估的内容、程序、方法和技术要求，初步构建了建设用地风险管控和修复效果评估体系。

在了解两项技术导则的过程中需要注意以下问题。

（1）更新地块概念模型的意义

为了体现效果评估新定位，HJ 25.5—2018 明确提出应更新地块概念模型，需要梳理从场地调查评估到修复工程实施的全过程资料，更新地块概念模型是贯穿整个效果评估过程的一项工作，需要对场地每一种情况的变化进行梳理和更新，确保修复工程完工后场地的风险达到可接受水平。

在资料回顾、现场踏勘、人员访谈的基础上，掌握地块风险管控与修复工程情况，结合地块地质与水文地质条件、污染物空间分布、修复技术特点、修复设施布局等，对地块概念模型进行更新，完善地块风险管控与修复实施后的概念模型。同时，潜在受体与周边环境变化，如地块规划用途改变、修复工程结束后污染介质与受体的相对位置关系发生变化，或受体的关键暴露途径改变等导致污染地块的暴露途径和暴露受体改变，进而影响地块的风险水平。在这种情况下，需要依据更新后地块概念模型开展补充风险评估，确保修复后污染地块的风险达到可接受水平。

（2）地下水修复效果评估的周期

目前，HJ 25.6—2019 中将地下水修复效果评估分为两个阶段，第一阶段为为期一年的达标初判，这个过程可以由施工单位开展；第二阶段为效果评估阶段，实施周期至少为一年，涵盖丰水期、枯水期和平水期的 8 批次检测结果。由于 HJ 25.6—2019 提到要结合多种实际情况且从严确定修复目标值，大部分项目地下水修复目标值设定为地块所在地地下水的环境质量标准，同时由于目前国内地下水修复技术尚不成熟，工程实践中地下水达到相应的修复目标值的难度较大。目前，我国采用污染地块名录管理，只有效果评估通过省级组织的专家评审，才能退出省级污染地块名录，进入下一步再开发利用阶段。地下水修复效果评估周期较长，给业主、施工单位及后期开发利用单位均造成较大压力。

鉴于地下水修复在技术和经济上的难度较大，同时考虑自然降解等功能，美国等国家一些管理部门制定了相应的低风险结案政策，地块治理和修复活动的目标是使土壤和地下水质量达到对人体健康与环境安全、无影响的水平，而完全恢复到背景浓度或者达到相关的质量标准则主要依靠污染物的自然衰减作用，如此，既保护了人体健康和环境安全，同时又减少了不必要的经济投入。建议我国在未来发展中借鉴欧美经验，逐步推行地下水风险管控理念，通过修复治理手段达到某一风险管控目标后，主要通过风险管控措施来实现场地的安全利用。

（3）进一步探索合理分区块下的效果评估及土地的开发利用

目前，省级污染地块风险管控与修复名录中的地块必须经过效果评估程序，确认达到相应的修复或管控目标且风险达到可接受水平时，该地块才能退出省级名录，该土地才可以重新被开发利用。现实中突出的矛盾是被污染的土壤被清挖处理并进行异地治理修复，且基坑通过效果评估后的区块，在现有政策下，尚不能开展土地的开发利用，但开发利用的需求非常迫切。为此，从实际情况出发，从修复行业积极推动经济发展角度出发，建议积极探索分阶段验收的可行性，明确分阶段效果评估且达到相应标准后的区块（如已有效去除污染源、切断传播途径，并且在对土壤和地下水进行风险管控或修复后达到修复目标的区块）在严格监管的情况下允许进行土地的开发利用。

（4）进一步细化 HJ 25.5—2018

增强原位修复技术布点要求的操作性。根据导则粗略估计，在原位修复技术效果评估时，一个点位代表的土方量可达到 4 800 m^3，与异位修复后一个土壤采样点位代表 500 m^3 土壤相比，原位修复技术的采样要求显得宽松。同时受土壤质地、水文地质情况、修复技术选择、修复设施运行情况等多方面因素的影响，原位修复效果的差异性较为显著，效果评估时宜布置更密集的点位来评估修复效果。建议结合不同类型的原位修复技术，有针对性地制定效果评估技术规定，加强原位修复策略下采样方法、布点密度和判定标准等内容的效果评估，细化规定，增强实操性。

关注部分固化/稳定化技术应用过程中效果评估操作困难的现实问题。根据导则要求，为了评估固化/稳定化技术的长效性，需要采集并检测 4 批次样品。现实工程实施中一些项目采取了先异位修复、后原位回填的方法，由于受场地及工期紧的限制，无法对每一批次样品均开展四个季度的采样检测，建议这种情况下采用某一批次的效果评估合格后即可回填，回填后再根据实际情况进行抽检的方法。这种方式与美国安大略省 1996 年发布的《安大略污染地点使用的抽样和分析方法指南》相一致，将效果评估分为修复阶段的确认验收和修复后的审核抽样。

明确潜在二次污染区域的范围和分析检测指标。实际操作过程中潜在二次污染区域的范围，如修复设施周边多大范围属于二次污染的区域在导则中并未明确。二次污染区域范围的大小直接影响布点数量，效果评估不合格时如何进行整改与再评估，如果二次污染区域评估不合格，是否按照坑底一个点位代表 1 600 m^2 的方法继续清挖直至合格，这些都需要进一步明确。施工作业区域采用基坑坑底的布点方法进行验收，其检测指标除地块的特征污染物之外还需要考虑与施工作业相关的特征污染物，如土壤养护区需要附加考虑投加药剂的类型，发生化学反应的区域需要附加考虑化学反应的中间产物等。

1.4 小结

2019 年是《土壤污染防治法》实施的第一年，也是《土壤污染防治行动计划》实施的关键一年。2019 年国家和各省、市高度重视土壤环境管理政策、规范和标准的制定，这对我国土壤修复咨询服务业发展发挥了重要的驱动作用。本节从拉动土壤环境行业需求、提升技术水平、规范从业队伍和提供资金保障四方面，对 2019 年出台的 60 多个主要政策、法规、标准、制度进行了梳理和分析。

研究认为，《土壤污染防治法》明确释放出的 8 个方面的咨询服务项目类型是非常重要的，是“十三五”时期、“十四五”时期土壤修复产业发展的重要业务领域。2019 年土壤环境调查评估修复系列导则的制定进一步提升了我国土壤和地下水污染防治全过程的技术水平。团体标准的出台丰富了土壤修复咨询服务技术体系。污染地块岩土工程勘查技术有了规范的依据和要求。地方发布的土壤环境风险管控标准、环境监理和工程技术规范性文件实现了零的突破。中央财政专项资金继续为全国土壤污染防治重点行业企业用地调查和中西部地区土壤污染防治提供了强有力的资金保障。以《指南》为主的系列组合政策明确提出“严格评审、信息公开、抽查曝光、信用管理”的从业机构管理要求，形成优胜劣汰竞争机制，从而不断优化从业机构结构。各项政策、规范和标准在落地实施过程中出现的问题是需要加以跟踪和评估的。本章重点分析了土壤环境管理名录制度、《指南》和《污染地块风险管控与土壤修复效果评估技术导则（试行）》的实施现状及实施中存在的问题，以期为相关环境管理部门的环境管理决策和行业从业者提供参考。

2

2019 年土壤修复咨询服务业市场状况

2019 年随着土壤修复产业规模的逐年增加及法规政策的日益完善，前期咨询服务业的行业规模及市场空间有所提升。本章主要基于 2019 年度土壤修复公开招投标信息数据，从咨询服务业市场规模、空间分布、项目用地类型、业主单位类型、招标时间等多角度分别进行了数据分析，进而总结咨询服务业发展特点。

2.1 土壤修复咨询服务业特点

土壤污染特点决定了土壤修复咨询服务业的特点。土壤污染具有隐蔽性、滞后性、累积性、不均匀性和难逆性等特点，所以土壤一旦受到污染，很难通过自然修复的方式降低污染物浓度。土壤污染的上述特点决定了土壤修复咨询服务业具有以下特点：

1）咨询服务的成效具有隐蔽性。由于土壤污染的隐蔽性，很难从外观上直接体现出咨询服务和修复工程的成效。

2）咨询服务成果具有一定的不确定性。土壤污染不均匀性的特点决定了土壤环境调查具有一定的不确定性，借助于计算机手段模拟出的土壤污染空间分布可能与实际情况存在差距。客观上的不确定性是由土壤污染特点决定的，这也是土壤环境咨询服务与大气、水体环境咨询服务的主要差别。

3）咨询服务具有“一地一策”性。基本不存在水文地质条件和污染物分布特征一样的地块，尤其是土壤和地下水特性上的差异明显，因此很难将某个项目的成果经验完全复制到另一个项目上。需要在经验的指导下，结合地块的实际情况提供有针对性的咨询服务。

4）多学科交叉和集成特点突出。土壤修复咨询服务需要有土壤学、水文地质学、化学等专业背景，丰富而准确的现场采样技能，以及计算机分析和模拟软件使用技能，这对从业人员提出较高的专业知识和技能要求。

2.2 市场规模

土壤修复咨询服务业发展规模和水平是衡量我国土壤修复产业发展成熟度和土壤污染防治体系现代化的重要标志。2016 年《土壤污染防治行动计划》发布后，我国土壤修复咨询服务业得到了全面和快速发展。

2.2.1 市场总体状况

2019 年，生态环境部环境规划院与北京高能时代环境技术股份有限公司共同建立了我国土壤修复公开招投标信息数据库（以下简称数据库），本书中的土壤修复产业分析、从业单位分析等各项分析结果均是根据该数据库中的数据分析而来。

2019 年全国正式启动土壤污染治理修复项目 1 783 项（仅为已招标

项目，不含未招标、流标项目），总项目金额为 120.1 亿元，项目覆盖 31 个省份，其中修复工程类项目数量为 354 个，占全国启动项目数量的 20%，项目金额为 95.1 亿元，占全国启动项目总金额的 79%；工程咨询服务类项目 1 429 个，占全国启动项目数量的 80%，总项目金额为 25 亿元，占全国启动项目总金额的 21%（图 2-1）。

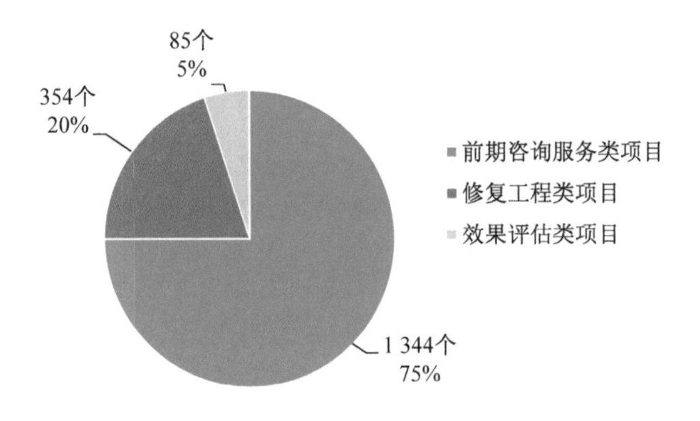

（a）2019 年项目数量分布情况

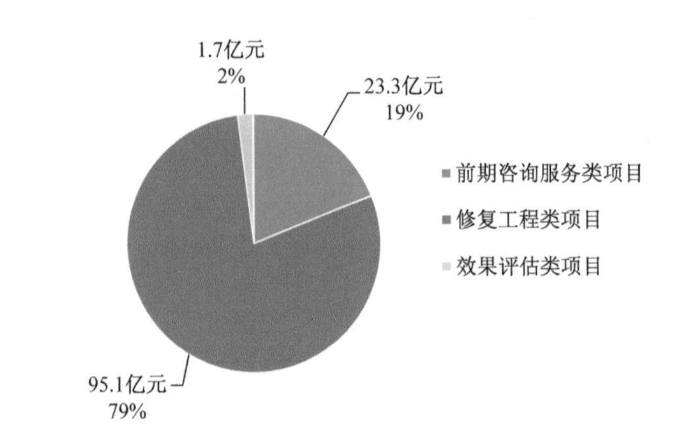

（b）2019 年项目金额分布情况

图 2-1　2019 年三大类项目数量与项目金额对比

工程咨询服务类项目中，前期咨询服务类项目（包含调查评估、方案编制、技术服务等）数量为 1 344 个，占工程咨询服务类项目数量的 94%，项目金额为 23.3 亿元，占工程咨询服务类项目金额的 93%，单体项目金额平均为 173 万元；后期效果评估类项目数量为 85 个，占工程咨询服务类项目数量的 6%，项目金额为 1.7 亿元，占工程咨询服务类项目金额的 7%，每个效果评估类项目的项目金额平均为 200 万元。

根据美国环境商务国际有限公司（EBI）2018 年发布的《美国环境修复产业报告：修复与产业服务》，2018 年美国环境修复产业前期咨询服务工作（包括咨询、解决方案或设计、分析、监测，不含效果评估等，虽然两国之间对于前期咨询项目的分类可能不完全一致，但均以现场采样分析、实验室监测等作为前期咨询工作的主要组成部分）的项目金额占修复行业项目总金额的 40.7%①，据美国环境商务国际有限公司分析，美国环境修复市场 2015—2018 年每年增长幅度为 1.5%～3%，预计 2019 年也会在这个幅度内继续增长。

2017—2019 年我国土壤修复行业总投资金额（包含已招标、未招标、流标项目）分别为 86.9 亿元、142.0 亿元、154.2 亿元，2018 年较 2017 年有较大提升，增长幅度为 63.4%，2019 年较 2018 年增长了 8.6%。

2019 年我国前期咨询服务类项目金额占当年土壤修复行业项目金额的 15.1%，与美国同类数据（40.7%）相比，我国土壤修复前期咨询服务业的市场还有很大的提升空间。将我国 2017—2019 年前期咨询服务类项目三年数据进行对比分析，发现无论在项目金额还是项目数量上均呈逐年增长趋势（图 2-2）。2018 年较 2017 年的项目数量和项目金额的增长率分别为 111%和 143%，2019 年较 2018 年的项目数量和项目金额增长率分别为 33%和 28%。2018 年是我国土壤修复前期咨询服务

① 数据来源：《2019 美国修复市场权威发布》。

增长非常显著的一年，2019 年的增长速度虽然降低，但由于已经是在较高水平上进行增长，所以仍显示出可观的绝对总量。

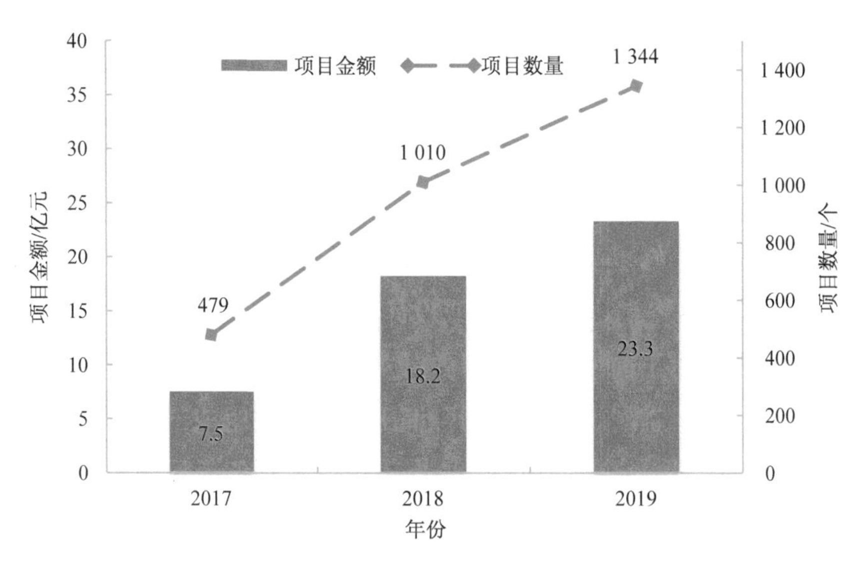

图 2-2　我国 2017—2019 年土壤修复前期咨询服务类项目数量和项目金额对比

2.2.2 项目类型

根据数据库的数据信息，2019 年土壤修复前期咨询服务类项目共计招标项目为 1 344 个（含 1 560 个标段），项目总金额为 23.32 亿元。2019 年土壤修复前期咨询服务市场以调查评估等服务为主，同时新增的重点行业企业用地详查类项目也占一部分比重。

1）污染地块调查评估类项目：此类项目实施过程中往往包含地质勘查和实验室测试分析等内容，均纳入污染地块调查评估类项目进行统计。2019 年，此类项目共计 1 125 个，数量占比为 72.1%；项目金额为 148 083.34 万元，金额占比为 63.5%。

2）土壤及地下水检测类项目：此类项目共计 51 个，占比为 3.3%；总金额为 6 559.68 万元，占比为 2.8%。单个项目金额均较小，多为 100 万元以下项目。

3）地质勘查类项目：此类项目共计 12 个，占比 0.8%；总金额为 2 070.94 万元，占比为 0.9%；项目主要为矿山和流域调查类型。

4）重点行业企业用地详查类项目：此类项目共计 372 个，项目数量占比为 23.8%；项目金额总计为 76 515.55 万元，项目金额占比 32.8%，此类项目是前期咨询服务类项目的重要组成部分。重点行业企业用地详查类项目中，工业用地项目 362 个，其中，357 个项目为调查评估项目。从项目金额来看，广东、内蒙古、江苏、山东和云南五省（区）位居全国前五名；从项目数量来看，山东、江苏、广东、四川和浙江位居全国前五名（图 2-3）。广东、江苏、山东等省是我国重点行业企业用地调查的重点省份，调查的企业地块数量多。通过重点行业企业用地调查预测，未来潜在的土壤污染咨询服务体量和土壤修复市场空间较大，此类项目是我国土壤环境管理的重点。

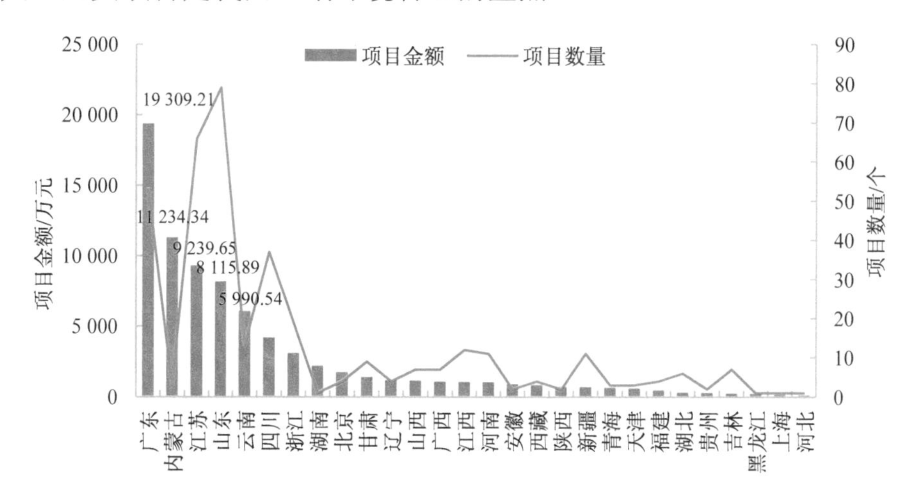

图 2-3 2019 年各省（区、市）重点行业企业用地详查类项目数量和项目金额对比

①广东省：重点行业企业用地详查类项目共计 53 个，项目金额为 19 309.21 万元，占广东省前期咨询服务类项目总金额的 44%，广东省是全国重点行业企业用地详查类项目金额最大的省份。

②山东省：重点行业企业用地详查类项目共计 79 个，占山东省前期咨询服务类项目招标总数量的 66.4%，项目金额为 8 115.89 万元，山东省是全国重点行业企业用地详查类项目招标数量最多的省份。

③江苏省：重点行业企业用地详查类项目共计 66 个，项目金额为 9 239.65 万元，在全国重点行业企业用地详查类项目招标金额和项目数量排名均位居前列。

④内蒙古自治区：2019 年重点行业企业用地详查类项目仅 3 个，总项目金额为 11 234.34 万元。内蒙古自治区重点行业企业用地土壤污染状况调查技术资格入围项目单体金额最大，为 9 966.9 万元，这也是内蒙古自治区虽然只招标了 3 个重点行业企业用地详查类项目但项目金额排名居全国第 2 位的主要原因。

在 372 个重点行业企业用地详查类项目中，业主全部为政府管理部门，其中生态环境主管部门招标项目 363 个，占比高达 97.6%，其他 9 个项目招标业主包括地方政府，生态环境部固体废物管理中心，农业、水务、城建部门（图 2-4）。该项工作是各级生态环境主管部门 2019—2020 年的重要管理工作之一。该类型项目涉及范围广、工作内容多、耗时较长，说明近年生态环境主管部门工作量大、任务艰巨。

根据数据库的数据信息，2019 年启动的后期效果评估类项目共计 85 个，项目金额为 1.7 亿元。根据项目金额进行分析，项目金额在 50 万元以下的项目数量最多，为 31 个，项目数量占效果评估类项目数量的 36%，此类型项目主要为小型工业场地进行评估；项目金额为 100 万～500 万元的项目数量次之，为 25 个，占比约为 29%（图 2-5）。

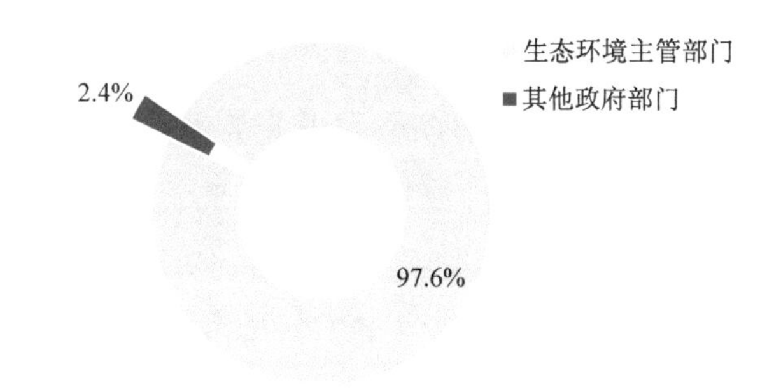

图 2-4　2019 年重点行业企业用地详查类项目业主单位类型对比

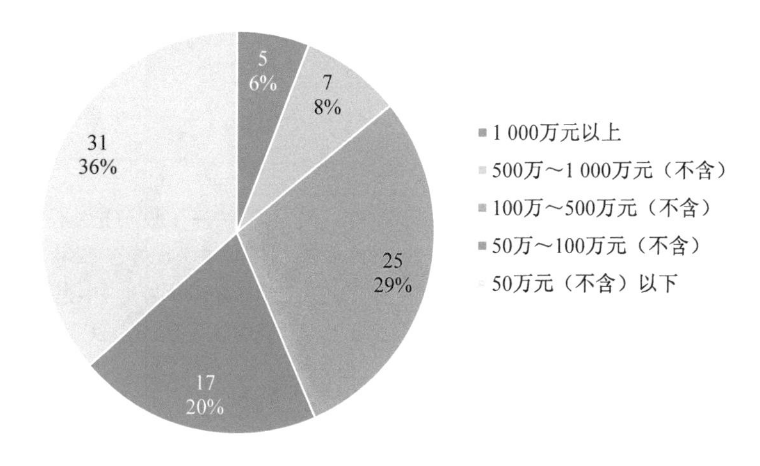

图 2-5　2019 年后期效果评估类项目单体项目金额分布

2019 年，项目金额超千万元的效果评估项目数量达到 5 个，其中以河池市土壤污染综合防治先行区建设治理修复第三方治理效果评估（2016—2020 年）项目单体招标金额最大，达到 1 458.23 万元。

2.2.3 项目金额分布

对数据库中 2019 年前期咨询服务类项目的金额分析后发现，项目金额在 50 万元以下的项目数量最多（635 个），项目数量占前期咨询服务类项目数量的 41%，此类项目主要为初步调查工作。项目金额为 100 万～500 万元的项目数量次之（482 个），占比达到 31%。由此可见，2019 年启动了较多数量的初步调查工作，项目金额普遍在 50 万元以下；开展详细调查的项目金额为 100 万～500 万元，其中 100 万～300 万元的项目数量为 386 个，占比为 24.7%，300 万～500 万元的项目数量为 96 个，占比 6.2%（图 2-6）。

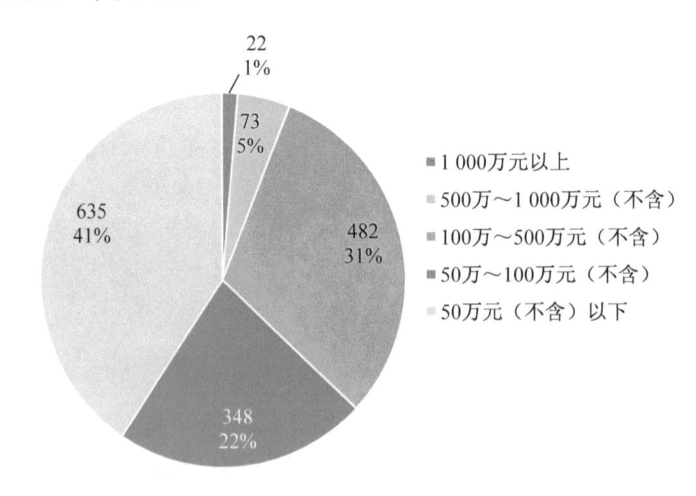

图 2-6　2019 年前期咨询服务类项目单体项目金额分布

根据数据库数据信息，2019 年，项目金额超千万元的前期咨询服务类项目数量达到 22 个，其中以内蒙古自治区重点行业企业用地土壤污染状况调查技术资格入围项目单体招标金额最大，达到 9 966.9 万元。回顾过去，2011 年国内土壤修复市场产生了第一个超千万元的单体咨询服务类项目，即大化集团搬迁及周边改造（钻石湾）项目环境补充调查及风险评价、土壤修复技术测试子项目，2018 年山东济钢厂区环境污染调查、风险评估及土壤修复方案项目将咨询服务类项目金额提升至 4 000 万元。我国大型的土壤修复咨询服务类项目（项目金额超过 1 000 万元）不断涌现。

2.3 空间分布

2019 年全国 31 个省（区、市）均有公开招标项目产生。各省（区、市）前期咨询服务类项目数量和项目金额分布情况见表 2-1、图 2-7 所示。

表 2-1　2019 年各省（区、市）前期咨询服务类项目金额和项目数量分布

序号	省份	金额/万元	数量/个	序号	省份	金额/万元	数量/个	序号	省份	金额/万元	数量/个
1	广东	44 029.26	167	12	四川	7 335.45	87	23	陕西	1 695.53	14
2	天津	25 429.23	161	13	湖北	7 054.14	56	24	新疆	1 432.29	16
3	江苏	22 229.36	197	14	北京	7036	29	25	黑龙江	1 225.75	5
4	山东	14 526.88	119	15	重庆	5 483.42	40	26	吉林	1 007.45	17
5	内蒙古	12 180.04	8	16	山西	4 528.53	37	27	青海	920.06	5
6	云南	11 521.08	36	17	甘肃	4 013.86	30	28	福建	864.87	13
7	浙江	9 530.4	141	18	河南	3 591.61	53	29	西藏	859.2	5
8	上海	9 150.96	84	19	湖南	3 566.13	20	30	宁夏	740.72	4
9	河北	8 675	44	20	辽宁	3 240.65	20	31	海南	203.8	3
10	广西	8 461.81	47	21	安徽	2 981.11	30				
11	江西	7 491.17	59	22	贵州	2 223.75	13				

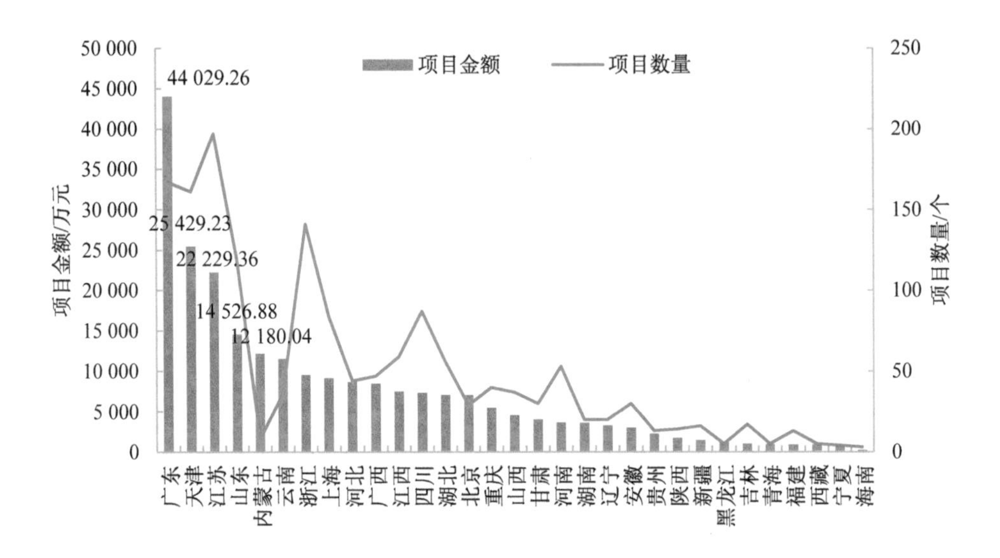

图 2-7　2019 年各省（区、市）前期咨询服务类项目数量和项目金额分布

2.3.1　重点区域

2019 年，广东、天津、江苏、山东、内蒙古、云南、浙江、上海、河北、广西 10 省（区、市）前期咨询服务类项目情况见表 2-2。10 省（区、市）的项目数量共计 1 004 个，占全国前期咨询服务类项目数量的 74.7%；项目金额合计为 165 734 万元，占全国前期咨询服务类项目金额的 71.1%。

第一梯队分析：从上述 10 个省（区、市）的分布来看，珠三角、长三角、京津冀三大经济圈是我国土壤修复的热点区域。每个区域中的代表省份，即广东、江苏和天津 3 省（市）的项目总数量为 525 个，占全国项目数量的 33.7%；项目总金额为 9.2 亿元，占全国项目金额的 39.4%，每个省（市）的项目金额均超过了 2 亿元，其中广东省是唯一一个前期咨询服务类项目总金额超过 4 亿元的省份。无论从咨询服务业来看还是从修复工程来看，3 省（市）均是我国土壤修复最多的地方，是我国土壤修复业第一梯队的省份。

表 2-2　2019 年前期咨询服务类项目金额排名前 10 位的省（区、市）基本情况

省份	项目金额		项目数量	
	金额/万元	排名	数量/个	排名
广东	44 029.26	1	167	2
天津	25 429.23	2	161	3
江苏	22 229.36	3	197	1
山东	14 526.88	4	119	5
内蒙古	12 180.04	5	8	26
云南	11 521.08	6	36	15
浙江	9 530.40	7	141	4
上海	9 150.96	8	84	7
河北	8 675.00	9	44	12
广西	8 461.81	10	47	11

第二梯队分析：第二梯队是山东、内蒙古、云南、浙江、上海、河北、广西 7 个省（区、市），每个省（区、市）的项目金额均在 8 000 万元以上。其中云南、河北和广西等省（区）依靠国家土壤污染防治专项资金的强有力支持，成为 2019 年土壤修复前期咨询服务中较多的省（区）；山东、浙江和上海等省（市）与第一梯队一样，获得国家土壤污染防治专项资金的金额不多，仍主要是依靠省（市）内由土地二次开发驱动形成的服务市场。第一梯队的广东、江苏和天津 3 省（市）和第二梯队的山东、浙江和上海 3 省（市）都是我国经济发展活跃的省（市），

对土地的需求量大，城乡土地二次开发利用迫切，同时这些省（市）土地价格较高，污染场地修复之后可以通过土地市场买卖快速得到投资回报，无论是土地开发利用迫切的外部原因，还是土壤修复项目投资回报较快的内在保障和驱动力量，都提高了当地政府或土地开发商实施污染场地修复项目的主动性和积极性，说明“地产驱动”是当前土壤治理修复市场重要的驱动力量。

国家统计局 2019 年发布的 GDP 总量排名前 10 位的省（市）前期咨询服务类项目的情况见表 2-3、图 2-8。2019 年 GDP 总量排名前 10 位的省（市）累计产生 937 个前期咨询服务类项目，占全国前期咨询服务类项目数量的 69.7%，项目金额合计为 121 879.1 万元，占全国前期咨询服务类项目金额的 52.3%，可见经济发达的省份无论在项目数量上还是项目金额上均凸显优势。GDP 总量排名前 4 位的广东省、江苏省、山东省、浙江省在项目数量和项目金额上均处于领先地位，说明土壤修复行业市场规模和 GDP 规模总体呈正相关关系。

表 2-3　2019 年 GDP 总量排名前 10 位的省（市）前期咨询服务类项目金额和项目数量分布

2019 年 GDP 排名	省份	项目金额/万元	项目数量/个
1	广东	44 029.26	167
2	江苏	22 229.36	197
3	山东	14 526.88	119
4	浙江	9 530.40	141
5	河南	3 591.61	53
6	四川	7 335.45	87
7	湖北	7 054.14	56
8	福建	864.87	13
9	湖南	3 566.13	20
10	上海	9 150.96	84

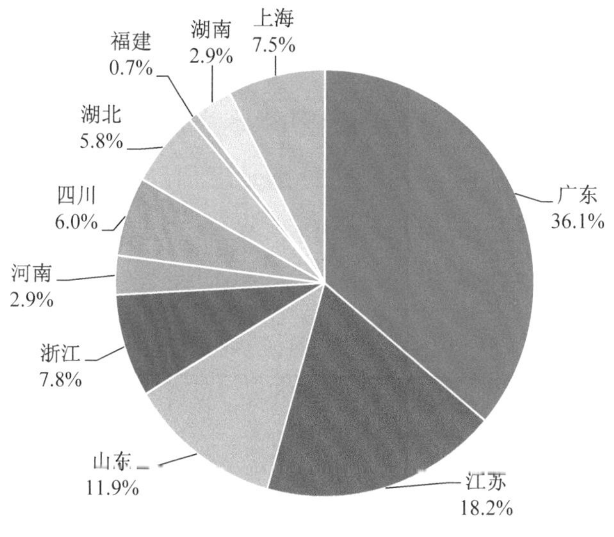

（a）项目金额

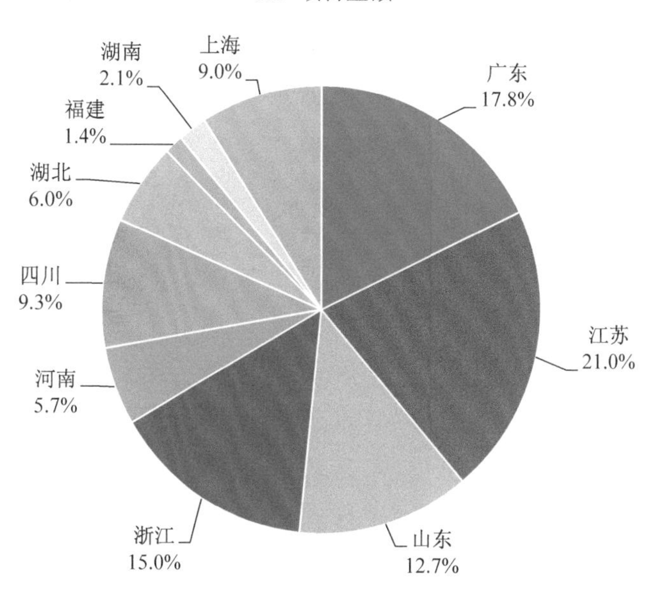

（b）项目数量

图 2-8　2019 年 GDP 总量排名前 10 位的省（市）前期咨询服务类项目金额和项目数量分布

2.3.2 重点城市

2019 年，内地 287 个城市有公开招标的前期咨询服务类项目。按照项目总金额排名，前 10 名的城市分别是广州、呼和浩特、东莞、昆明、天津（北辰区）、佛山、南京、济南、苏州和青岛。这 10 个城市的项目数量共计 277 个，项目金额合计为 74 591.23 万元（表 2-4），分别占全国项目数量的 20.6%、占全国项目金额的 32%。这 10 个城市的前期咨询服务类项目金额约占全国项目金额的 1/3，不同城市土壤修复咨询服务和土壤修复市场空间的差距较为明显。

表 2-4　2019 年项目总金额排名前 10 位城市的项目数量及项目金额

项目金额排名	城市	所在省份	项目数量/个	项目金额/万元
1	广州	广东	42	12 499.80
2	呼和浩特	内蒙古	2	11 206.04
3	东莞	广东	41	9 950.91
4	昆明	云南	12	7 457.88
5	天津（北辰区）	天津	37	7 170.77
6	佛山	广东	38	7 033.74
7	南京	江苏	43	6 272.65
8	济南	山东	18	4 748.86
9	苏州	江苏	32	4 202.12
10	青岛	山东	12	4 048.46

从排名前 10 位的城市名单来看，10 个城市均来自项目总金额排名前 10 的省（区、市），广州等 5 个省会城市的优势比较明显。另外，东

莞、昆明、南京、苏州、青岛 5 个城市为新一线城市，广东省有 3 个城市上榜且排名均比较靠前，广州市遥遥领先。经济发展较为活跃的地区主要还是依靠对土地资源和二次开发利用的迫切需求形成的市场驱动力。

2.4 项目用地类型

数据库中的数据统计显示，2019 年前期咨询服务类项目用地包括工业用地，公共管理/服务用地，农用地，流域用地，矿山/废渣治理用地和其他（填埋场、道路、绿地）/未知用地 6 种类型。2019 年，在前期咨询服务类项目中以工业用地的调查评估等为主，项目数量占 50%，项目金额占 61%，无论在项目金额还是项目数量上均占主流，远远超过农用地等类型项目，其他（填埋场、道路、绿地等）/未知用地类型项目数量上也较多，项目数量占 33%，项目金额占 26%（表 2-5、图 2-9）。

表 2-5　2019 年前期咨询服务类项目不同用地类型的项目数量和项目金额对比

场地类型	项目金额		项目数量	
	金额/万元	金额占比/%	数量/个	数量占比/%
工业用地	141 408.28	61	671	50
其他（填埋场、道路、绿地）/未知用地	61 755.42	26	438	33
公共管理/服务用地	13 921.76	6	114	8
农用地	5 881.17	3	55	4
流域用地	5 491.43	2	26	2
矿山/废渣治理用地	4 771.45	2	40	3

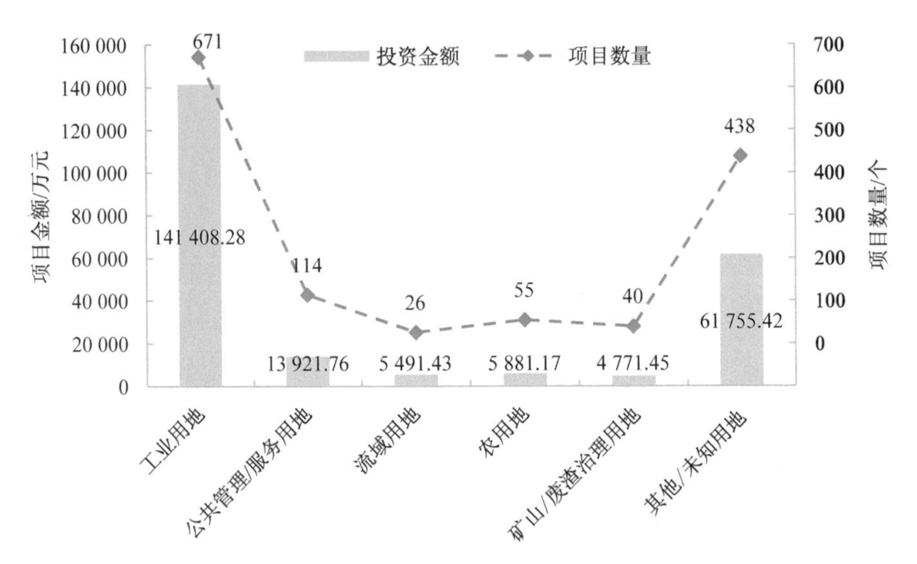

图 2-9　2019 年前期咨询服务类项目不同用地类型的项目数量和项目金额对比

2.5　业主单位类型

对数据库中2019年全年招标的1 344个前期咨询服务类项目进行分析后发现，项目业主单位类型多样，总体可分为五种类型，即：①政府管理部门，包括生态环境部门、自然资源部门（含土地储备中心）、地方人民政府、市政城管部门、住建部门等；②污染责任人，包括污染责任方、权利人、工业园区管理部门；③政府投资公司；④大型工程项目部；⑤其他单位（图 2-10）。

（1）政府管理部门

根据《土壤污染防治法》的规定，土壤环境基础性调查项目和无法确定污染责任人或土地使用权人的污染土壤咨询服务类项目，地方政府（包括相关管理部门）应作为业主单位。2019 年我国启动了 372 个重点行业企业用地调查项目，这些项目大多数由地方生态环境部门作为项目业主单位。2019 年政府管理部门作为项目业主的招标项目数量为 947 个，占全国项目数量的 70.5%。

生态环境部门：生态环境部门作为业主的招标项目数量为 647 个，占全国项目数量的 48.1%，主导了大量的咨询服务项目。

自然资源部门（含土地储备中心）：全年招标项目 155 个，占全国项目数量的 11.5%，项目体量相对较大。一方面，各地土地储备中心依然是土壤修复市场的重要业主，虽然按照《土地储备管理办法》（国土资规〔2017〕17 号）（2018 年 1 月印发）的规定，污染土地应在完成修复、达到预定修复目标后才能进入土地收储环节，但我国仍有相当数量的污染地块在 2018 年 1 月之前就完成了土地收储工作，为此根据《土壤污染防治法》的要求，应由土地储备部门作为业主单位对污染地块组织开展调查评估和修复工作。另一方面，土地储备部门的项目启动与房地产需求有直接关系，招标项目最多的为上海市杨浦区土地储备中心，2019 年共计开展了 25 个项目，佛山市顺德区土地储备发展中心开展了 11 个项目。

地方人民政府：全年招标项目数量为 105 个。组织实施土壤污染风险管控和修复工作的招标业主均为镇（乡、街道）人民政府。

市政城管部门：全年招标项目数量为 25 个，项目多为非正规填埋场的调查评估。

住建部门：全年招标项目数量为 15 个，项目用地主要为保障性住房开发建设所需要的用地。

（2）污染责任人

污染责任人包括污染责任方、权利人、工业园区管理部门等，释放了较多的前期咨询服务类项目。2019 年招标项目数量为 150 个，占全国项目数量的 11.2%。

（3）政府投资公司

政府投资公司大多是作为政府融资平台组织开展地块开发建设，由此作为项目业主单位开展土壤前期咨询服务工作。全年招标项目数量为133 个，占全国项目数量的 9.9%。

（4）大型工程项目部

大型工程项目部全年招标项目数量为 89 个，占全国项目数量的6.6%，这类项目是源于铁路、公路、民航等大型基建项目中的土壤修复咨询需求，大型工程项目部大多通过邀请招标的形式确定咨询服务单位。

（5）其他单位

其他单位包括学校、幼儿园、医院、工信部门、体育部门、市场监管部门、农业部门等不同类型的单位，全年招标项目数量为 25 个，占全国项目数量的 1.9%。

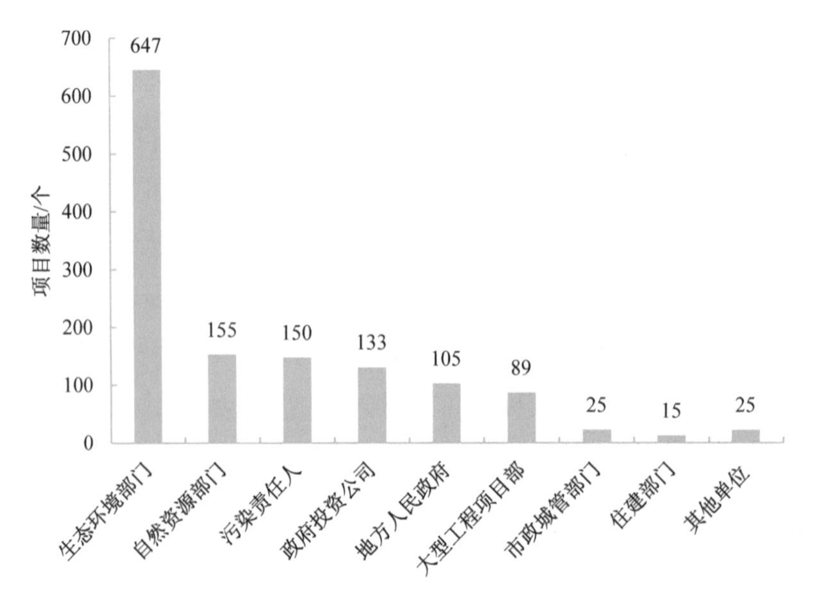

图 2-10　不同类型业主的前期咨询服务类项目数量分布

2.6 招标时间

对 2019 年数据库中全年前期咨询服务类项目招标时间进行分析后发现，除 1 月、2 月和 12 月数量较少外，其他每个月的招标数量均在 100 个以上。分析认为，2 月恰逢春节，1 月和 12 月为年初和年末，项目招标数量总体较少。发生在上半年和下半年的招标项目数量分别占全年的 38.3%和 61.7%，招标项目主要集中在下半年开展，6—11 月项目数量出现逐月递增的趋势，以 11 月招标项目数量为最多，占全年项目招标总量的 15.7%（图 2-11）。

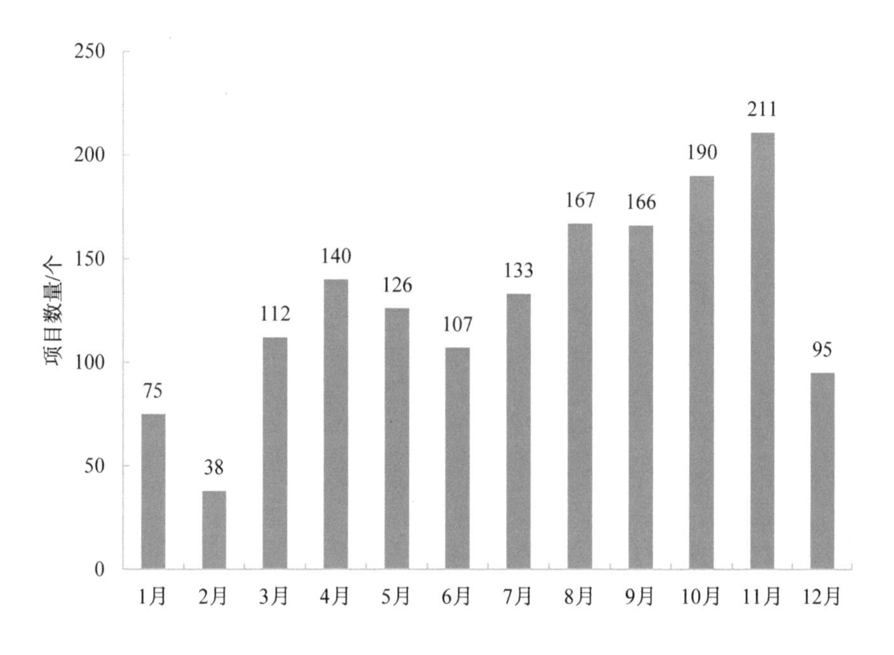

图 2-11 2019 年前期咨询服务类项目招标时间分布

对招标项目数量最多的生态环境部门的招标时间进行分析，2019年共招标项目 647 个，其中 6—12 月共招标项目 467 个，占比 72.2%，第四季度招标项目数量最多，占比 40.5%（图 2-12）。这与国家土壤污染防治专项资金下达时间有较大关系，2019 年 7 月国家下达土壤污染防治专项资金 50 亿元，这些资金支持的项目需要尽快落地实施，同时需要提高资金执行率。

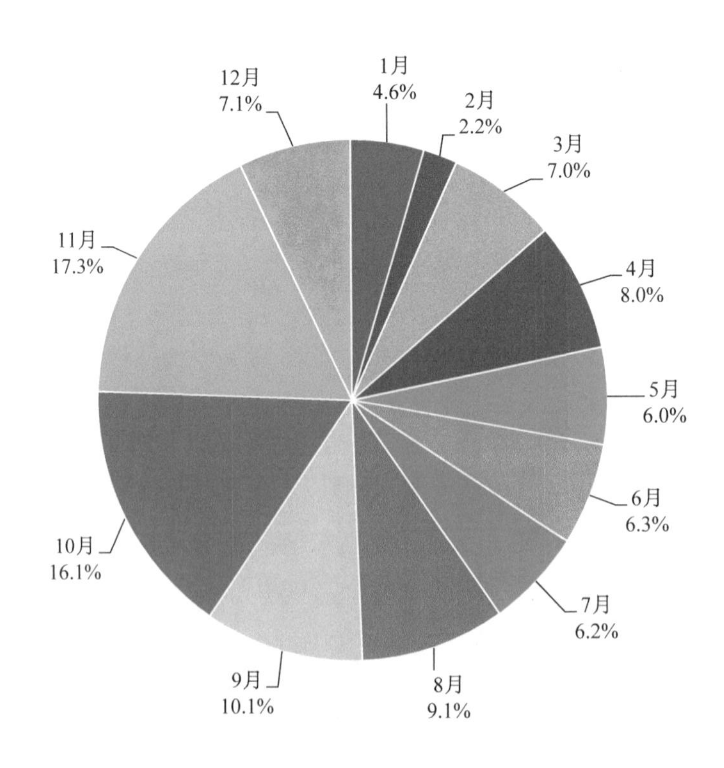

图 2-12　2019 年生态环境部门招标项目时间分布

2.7 典型项目情况

2.7.1 调查评估类项目

2019 年数据库中全国共有 22 个千万级以上的前期咨询服务类项目（表 2-6），均为调查评估类型，其中重点行业企业用地详细调查类项目数量为 8 个。广东省共有 5 个项目，是全国超千万元项目数量最多的省份。千万级项目资金来源主要为政府资金，中标单位多为联合体，科研院所参与项目居多。类别上以面积较大的工业企业遗留用地调查评估为主。在承担单位上，生态环境部南京环境科学研究所、生态环境部华南环境科学研究所承担项目较多，分析检测类型的公司表现突出，尤其是云南两个超千万元的重点行业企业用地调查项目的中标单位均为分析检测公司。下面阐述部分典型的咨询服务类项目主要情况：

（1）内蒙古自治区重点行业企业用地土壤污染状况调查技术资格入围公开招标项目

项目招标控制价格为 9 966.9 万元，有 6 个分包，项目采取全过程包干的招标形式，对内蒙古各盟州的土壤污染重点行业企业开展信息收集、空间信息采集、采样方案编制、现场采样等系列工作，确定污染地块优先管控名单。生态环境部南京环境科学研究所、宝航环境修复有限公司等 17 家单位组成的联合体中标。与该项目一并招标的还有内蒙古自治区重点行业企业用地土壤污染状况调查全过程技术指导和质量控制服务项目，招标控制价格约为 1 250 万元。若将两个关联项目加在一起，该项目的招标控制价格超过 1 亿元，是 2019 年体量最大的咨询服务类项目。

表 2-6　2019 年前期咨询服务类项目金额超过千万元的重点项目基本情况

序号	省份	项目名称	场地类别	金额/万元	中标单位	招标人
1	内蒙古	内蒙古自治区重点行业企业用地土壤污染状况调查技术资格入围公开招标项目	工业用地	9 966.90	生态环境部南京环境科学研究所、内蒙古自治区地质调查院、中国冶金地质总局山东局、宝航环境修复有限公司、华测检测认证集团北京有限公司、呼和浩特市平丰钻探有限公司、煜环环境科技有限公司、轻工业环境保护研究所、内蒙古绿洁环境检测有限公司、上海化工研究院有限公司、内蒙古一一五地质矿产勘查开发有限责任公司、西安圆方环境卫生检测技术有限公司、北京中地泓科环境科技有限公司、内蒙古第八地质矿产勘查开发有限责任公司、山西省岩矿测试应用研究所、北京市环境保护科学研究院、内蒙古环境监测检验有限公司	内蒙古自治区固体废物与化学品管理技术中心
2	天津	天津北辰开发区产城融合示范区核心区场地环境初步调查入围项目	商服用地	3 167.09	易景环境科技（天津）股份有限公司、河北华勘资环勘测有限公司、天津环科环安科技有限公司、天津津环中新环境评估服务有限公司、天津华北地质勘查局核工业二四七大队、科瑞斯众（天津）科技有限公司、天津创水环科技发展有限公司	天津北辰科技园区总公司

序号	省份	项目名称	场地类别	金额/万元	中标单位	招标人
3	湖南	湖南省重点行业企业用地调查布点采样项目	工业用地	2 112.48	湖南省地球物理地球化学勘查院	湖南省生态环境厅
4	广东	广州广船地块二、三期场地环境调查与风险评估项目	工业用地	2 088.22	上海康恒环境股份有限公司、北京伦至环境科技有限公司	广船国际有限公司
5	湖北	宜昌市生态环境局关停搬迁转产化工企业土壤污染状况初步调查和风险评估项目	工业用地	1 900.00	湖北省环境科学研究院	宜昌市生态环境局
6	贵州	中国石化销售股份有限公司贵州石油分公司全省库站土壤地下水污染调查与监测项目	工业用地	1 628.45	青岛诺城化学品安全科技有限公司	中国石化销售股份有限公司贵州石油分公司
7	广东	乐平镇2019年场地环境调查及风险评估服务项目	—	1 500.00	佛山市水业集团有限公司、佛山市铁人环保科技有限公司、广东省水文地质大队、广州草木蕃环境科技有限公司、广东省环境科学研究院	佛山市三水区乐平镇国土城建和水务局
8	山东	青钢老厂区环境污染调查、风险评估及修复方案项目	—	1 450.00	生态环境部环境规划院、中铁工程设计咨询集团有限公司	青岛城投新能源发展有限公司
9	山东	济南市重点行业企业用地土壤详查项目第二阶段（A包）	工业用地	1 395.30	济南市环境研究院	济南市生态环境局
10	河北	唐河污水库污染治理与生态修复二期工程场地调查和勘查设计项目	流域用地	1 388.58	国核电力规划设计研究院有限公司、永清环保股份有限公司、生态环境部南京环境科学研究所	中国雄安集团生态建设投资有限公司

序号	省份	项目名称	场地类别	金额/万元	中标单位	招标人
11	广东	中山市重点行业企业和工业园区土壤污染状况第二阶段调查项目	工业用地	1 360.00	中山市环境保护技术中心、中山大学	中山市生态环境局
12	广东	惠州市重点行业企业用地土壤污染状况详查	工业用地	1 299.61	广东省水文地质大队	惠州市生态环境局
13	天津	天津市西青区土地整理中心 2019 年出让地块场地调查及风险评估项目（第一包）	—	1 275.00	易景环境科技（天津）股份有限公司	天津市西青区土地整理中心机关
14	云南	云南省重点行业企业用地土壤污染状况调查工作项目（1 标段）	工业用地	1 258.00	华测检测认证集团北京有限公司	云南省生态环境厅
15	云南	云南省重点行业企业用地土壤污染状况调查工作项目（2 标段）	工业用地	1 258.00	云南中检检验检测技术有限公司	云南省生态环境厅
16	内蒙古	内蒙古自治区重点行业企业用地土壤污染状况调查全过程技术指导和质量控制服务项目	工业用地	1 239.14	生态环境部固体废物与化学品管理技术中心、生态环境部环境规划院	内蒙古自治区固体废物与化学品管理技术中心
17	江西	乐安河流域（德兴段）重金属和水体沉积物污染状况调查与评估项目	流域用地	1 130.61	中国环境科学研究院、江西省环境保护科学研究院	德兴市生态环境局
18	广东	顺德区重点行业企业用地土壤污染状况详查项目	工业用地	1 091.16	中国环境科学研究院	佛山市生态环境局顺德分局

序号	省份	项目名称	场地类别	金额/万元	中标单位	招标人
19	天津	天津市西青区土地整理中心2019年出让地块场地调查及风险评估项目（第二包）	—	1 056.00	瑞和（天津）环境修复有限公司	天津市西青区土地整理中心机关
20	辽宁	沈阳市建成区重点河流底泥污染调查与评估项目	流域用地	1 000.00	中国环境科学研究院	沈阳市城乡建设事务服务中心
21	浙江	杭钢及炼油厂退役场地整体治理修复规划和技术方案编制项目	—	1 500（招标控制价格）	中科院南京土壤研究所	杭州市运河综合保护开发建设集团有限责任公司
22	青岛	青岛市重点行业企业用地土壤污染状况初步采样调查项目（共三个标段）	工业用地	2 006（招标控制价格）	生态环境部南京环境科学研究所等三家单位	青岛市生态环境局

（2）湖南株洲污染地块治理修复规划编制项目

株洲清水塘工业园区是我国典型的化工工业园区，随着经济社会发展需求和城市规划调整，该工业园区内的企业和各生产设施实施关、停、并、转后需要对该区域土地进行二次开发利用。该项目是国内第一个大型遗留工业场地治理修复的规划项目，具有重要的开创意义，项目业主单位为株洲市清水塘投资集团有限公司。该规划力图创建国内领先的污染场地修复工程、风险管控技术、绿色金融和政策保障体系，打造成我国老工业园区绿色生态转型的示范样板。该项目贯彻分区分类推进、治理与管控相结合、加强试点示范、创新技术应用、优化土地利用、投资收益最佳的思路和技术路线。

（3）杭钢及炼油厂退役场地整体治理修复规划和技术方案编制项目

对杭钢半山基地场地（约 2 671 亩[①]）及炼油厂（约 405.7 亩）污染地块开展治理修复规划、总体修复技术方案的编制、评审和备案工作，明确区域土壤和地下水治理修复策略、工程技术控制要求和区域土地利用规划及优化开发时序等，在此基础上再开展单个地块的治理修复技术方案的编制、评审与备案等工作，并在土壤治理过程中为业主单位提供为期 5 年的技术支持和跟踪服务。项目业主单位是杭州市运河综合保护开发建设集团有限责任公司，招标控制价格为 1 500 万元。这个项目咨询服务工作体量大、关注度高，体现出大型污染场地修复前的规划统领作用，采用了全过程咨询服务模式，为业主单位提供技术、经济、策略、规划等方面的咨询服务。

（4）中国石化销售股份有限公司贵州石油分公司全省库站土壤地下水污染调查与监测项目

对中石化所建的贵州省全部油库、加油站开展土壤、地下水污染调

① 1 亩=1/15 hm^2。

查与监测工作，分为对库站土壤、地下水环境开展调查与监测和编制土壤、地下水环境调查总体报告2个子项目。要求按照《中国石化加油站、油库土壤地下水环境初步调查工作技术指南（试行）》《在产企业土壤及地下水自行监测技术指南（试行）》完成对中石化贵州省全部油库、加油站的土壤、地下水污染调查与监测工作。要求投标人具有质量监督部门（或国家政府职能部门）颁发的与土壤、地下水监测相关的资质证书，地质勘查资质证书或具有环保专业承包三级及以上资质。业主单位是中国石化销售股份有限公司贵州石油分公司，招标控制价格为1 865.25万元。中标单位是青岛诺城化学品安全科技有限公司。本项目为全面开展加油站和油库等类型污染源的土壤和地下水调查、排查和摸底提供经验，此类项目目前在我国开展较少。

（5）黄石东钢土壤修复治理试点工程实施方案编制及施工图设计项目

本项目主要内容包括编制实施方案及施工图设计、编制小试和中试方案、开展初步设计及编制概算、开展施工图设计及工程实施过程中的跟踪服务。联合体投标单位要求具有中国工程咨询协会颁发的生态建设和环境工程专业的甲级资信证书和住房和城乡建设部颁发的环境工程设计（污染修复工程）甲级资质证书或工程设计综合甲级资质证书。项目业主单位是黄石市环境投资有限公司，招标控制价格为350万元。本项目明确要求开展修复工程初步设计和施工图设计工作，根据设计成果开展工程实施。

（6）原沈阳新城化工厂地块及周边区域环境污染状况调查、风险评估和风险管控方案编制项目

项目业主单位是沈阳市沈北新区城市建设局，中标价格为950万元，由中国环境科学研究院和沈阳环境科学研究院组成的联合体共同承担。

该项目特点是调查地块面积较大，是典型的化工生产遗留地块。

2.7.2 环境管理类项目

2019 年，以广东省为代表（另包含韶关市、东莞市、深圳市、台州市、常德市）的部分地方生态环境部门开展了 7 个与土壤环境管理密切相关的典型咨询服务招标工作，其主要承担单位全部为科研院所（表 2-7）。

表 2-7　2019 年支撑环境管理的部分典型咨询服务类项目基本情况

序号	项目名称	承担单位
1	广东省土壤污染防治基金设立前期研究项目	广东省环境科学研究院
2	广东省建设用地污染地块信息系统项目	广东省环境科学研究院
3	2019 年韶关市土壤污染综合防治先行区建设技术咨询服务项目	广东省环境科学研究院
4	东莞市土壤环境背景值调查研究项目	广东省环境科学研究院
5	深圳土壤环境背景值调查和地方筛选值标准研究项目	中科院南京土壤研究所
6	台州土壤污染防治先行区建设评估项目	生态环境部环境规划院
7	常德土壤污染防治先行区建设评估项目	生态环境部环境规划院

广东省开展环境管理咨询服务类项目最多，共计 4 个，承担单位为广东省环境科学研究院，出现了明显的本地化趋势，也体现出广东省在环境管理方面的高度重视。生态环境部环境规划院承担了两个环境管理项目，分别为台州市和常德市土壤污染防治先行区建设效果评估项目，此前生态环境部环境规划院还承担过黄石市环境管理项目，为国家土壤污染防治先行区建设提供了较多技术支撑。中国科学院南京土壤研究所

承担了深圳土壤环境背景值调查和地方筛选值标准研究项目，牵头承担了深圳市建设用地土壤污染风险筛选值和管制值、深圳市土壤环境背景值两个地方标准的研究任务。

部分环境管理类项目的工作内容简介如下：

（1）广东省土壤污染防治基金设立前期研究项目

业主单位是广东省生态环境厅，主要内容是开展国内外土壤污染相关专项基金的研究，要求系统梳理国内外土壤污染防治专项基金设立情况，研究其资金来源、使用模式、投资收益、管理运作等情况，提出借鉴内容及建议；提出设立广东省土壤污染防治专项基金的初步构想，主要包括资金来源、基金设立模式、基金责任形式、基金的管理与运行及与有关法律、法规的衔接情况等。成果为《广东省设立土壤污染防治专项基金研究工作方案》《广东省设立土壤污染防治专项基金研究报告》。中标单位为广东省环境科学研究院，招标控制价格为 100 万元。

（2）广东省建设用地污染地块信息系统项目

业主单位是广东省生态环境厅，要求在广东“数字政府”建设框架下，建立功能完备、业务协同的全省污染地块土壤环境管理系统，实现从业单位的全过程留痕监管、重要监管环节的拇指化应用，以及与省部级系统的数据同步。结合实际情况及业务特点，借助移动互联网等技术，着力建设广东省污染地块土壤环境管理系统，实现地块土壤污染状况调查、风险评估、效果评估、专家评审等环节的全过程业务信息化支撑，通过应用程序（App）加强土壤污染风险管控和修复活动过程监管，提供污染地块土壤环境管理系统运维服务。结合污染地块土壤环境管理系统开发运维过程，提供污染地块土壤环境管理系统运行技术支持，满足广东省各级有关部门系统管理需求和应用技术服务需求。本项目于 2019 年 12 月底启动、2020 年 7 月底完成验收，历时 7 个月。中标单位为广东省环境科学研究院，招标控制价格为 200 万元。

（3）2019 年韶关市土壤污染综合防治先行区建设技术咨询服务项目

项目内容为完成韶关市 2019 年度中央财政土壤污染防治专项资金相关方案的技术预审，并提出明确的修改建议；组织开展 1 次重点项目的集中专家评审；完成韶关市土壤污染防治行动计划实施情况 2019 年自评估报告的编制；完成韶关市 2020 年土壤污染综合防治先行区建设工作计划的编制；针对翁源、仁化、曲江、乐昌 4 个重点县（市、区），分别提供土壤污染防治相关技术咨询。中标单位为广东省环境科学研究院，招标控制价格为 70 万元。

2.7.3 效果评估类项目

2019 年，千万级以上的典型后期效果评估项目总计 5 个（表 2-8），业主单位多为土地储备部门，有 4 个为地产待开发的地块，这类项目后期规划主要为商服/住宅用地，对环境修复效果的把关非常重要。

表 2-8　2019 年项目金额超过千万元的效果评估类项目基本情况

序号	项目名称	承担单位
1	河池市土壤污染综合防治先行区建设治理修复第三方治理效果评估（2016—2020 年）项目	生态环境部固体废物与化学品管理技术中心和广西南环环保科技有限公司
2	桃浦智创城核心区 603 地块（染化八厂）污染治理修复工程效果评估项目	上海市环境科学研究院
3	天津农药股份有限公司地块污染土壤及地下水修复项目修复效果评估（验收）项目	生态环境部环境规划院
4	天津市河西区陈塘科技商务区 7 号地块修复效果评估服务项目	天津市生态环境监测中心
5	太原市原煤气化工厂区污染场地修复项目效果评估	中国环境科学研究院

（1）河池市土壤污染综合防治先行区建设治理修复第三方治理效果评估（2016—2020 年）项目

项目招标控制价格为 1 458.23 万元。项目服务内容较多，包括：①编写河池市土壤污染综合防治先行区建设治理修复类和风险管控类项目第三方治理效果评估工作方案（2016—2020 年）；②编写河池市土壤污染综合防治先行区建设治理修复类和风险管控类项目第三方治理效果评估技术要点等；③对 2016—2020 年国家、自治区下达的河池市土壤污染综合防治先行区建设专项资金支持的治理修复类和风险管控类项目开展第三方治理效果评估，评估土壤治理修复和风险管控后的实施效果；④参考上级主管部门批复的治理修复类和风险管控类项目实施方案中“修复后环境管理计划”和相关费用，开展项目长期监控检测工作。两家联合体单位中标，包括生态环境部固体废物与化学品管理技术中心和广西南环环保科技有限公司。该项目是 2019 年体量最大的评估项目。

（2）桃浦智创城核心区 603 地块（染化八厂）污染治理修复工程效果评估项目

项目中标价格为 1 265 万元。项目服务内容主要是对桃浦智创城核心区 603 地块开展污染治理修复后的效果评估，该项目用地面积约 9 万 m^2，涉及污染土壤 21 万 m^3，污水 13 万 m^3。项目由上海市环境科学研究院承担。

（3）天津农药股份有限公司地块污染土壤及地下水修复项目修复效果评估（验收）项目

项目中标价格为 1 128 万元。服务内容主要是对天津农药厂红线范围以内全部污染土壤及地下水的污染修复和风险管控开展效果评估。评估范围包括但不限于调查报告中体现的污染土壤（1 581 591.9 m^3）及地下水（232 813 m^3）。项目由生态环境部环境规划院牵头承担。

（4）天津市河西区陈塘科技商务区 7 号地块修复效果评估服务项目

项目中标价格为 1 155.56 万元。项目服务内容主要是对天津市河西区郁江道（陈塘科技商务区）7 号地块的污染土壤和地下水修复开展效果评估，工作范围总面积 63 491.8 m^2。项目由天津市生态环境监测中心承担。

（5）太原市原煤气化工厂区污染场地修复项目效果评估

项目招标控制价格为 1 200 万元。其业主单位为太原市土地储备中心，项目主要内容包括评估地块范围内基坑清挖效果、原位和异位修复效果及风险管控效果，以及对土壤和地下水介质开展评估，是唯一一个采用单一来源方式的采购项目。项目由中国环境科学研究院承担。

2.8 专利申请情况

2.8.1 总体状况

市场对技术的需求促进了产业创新能力的提升，技术活跃程度是反映行业发展潜力的重要指标之一，其中主要包括产业核心技术专利总数量、发表论文总数量和平均行业研发投入占比。本节主要对技术专利数量进行分析。

在中国国家知识产权数据库中查询，分别以“土壤污染调查”“土壤调查”“土壤修复”“地下水调查”“地下水修复”“地下水治理”“污染场地”“污染地块”为关键字进行检索，1985 年 1 月初至 2018 年 12 月底共查询出有效数据 13 170 条。对 2009—2018 年近 10 年的数据进行统计，共申请相关专利 12 006 个，总授权数量 5 602 个，授权比例为 46.7%。

对比历年专利申请和授权数据发现，近 10 年来相关专利总申请数量和总授权数量整体呈上升趋势。从增长率来看，我国土壤及地下水修复技术专利最早申请时间是 1985 年，到 1999 年申请数量还并不多，平均为 3.8 件/年，2000 年后专利申请数量呈快速增长趋势，平均每年的增长幅度达 30%以上，部分年份增幅甚至达到 69%，其中 2018 年专利申请数量达到了 3 454 件（表 2-9、图 2-13）。

表 2-9　近 10 年来中国土壤及地下水修复技术专利数据统计

年份	总申请数量/个	总授权数量/个	授权比例/%	发明授权数量/个	实用新型授权数量/个
2009	149	96	64.4	27	4
2010	191	131	68.6	30	20
2011	276	193	69.9	95	16
2012	369	252	68.3	126	66
2013	619	451	72.9	170	124
2014	916	617	67.4	170	176
2015	1 221	729	59.7	260	227
2016	2 058	863	41.9	319	358
2017	2 753	1 040	37.8	334	511
2018	3 454	1 230	35.6	381	921

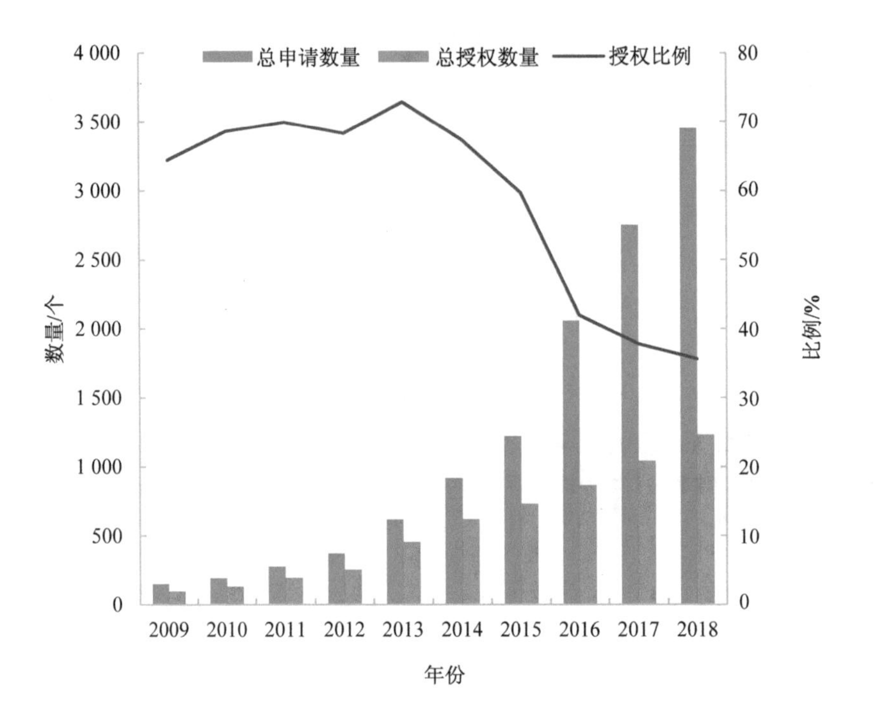

图 2-13　近 10 年来中国土壤及地下水修复技术专利数据统计

根据其他国家不完全统计，包括日本、美国、德国在内的大多数国家土壤修复领域的技术开发高潮期均在 2004 年前，2004 年后都有不同程度的下降，中国在该领域的专利申请数量自 1994 年以来稳步上升，并在 2009 年达到 183 个，升至该领域第 1 位，此后，中国在该领域专利申请数量不断增长，而世界大部分国家专利申请数量均有不同程度的下降，中国稳居第 1 位。这在一定程度上表明，随着我国对土壤和地下水生态环境保护日益重视、修复政策的逐渐完善、市场逐渐发育和项目需求的快速增加，土壤和地下水修复市场前景将更加广阔，技术研发正处于新的快速发展阶段。

将申请数量和授权数量进行比对，发现专利授权比例表现出整体逐渐下降的趋势，这既反映出我国土壤及地下水修复行业对修复新技术水平的要求日渐提高，同时也与 2016 年我国知识产权审查改革、提高授权门槛有一定的关系。

2.8.2 申请单位类型

分别对中国国家知识产权数据库中的发明专利申请数量、授权数量和实用新型专利授权数量等数据进行分析后发现，排名前 10 位的单位中高校和科研院所居多，其中发明专利申请数量前 10 名的单位中有 7 家是高校和科研院所，发明专利授权数量前 10 位的单位中有 9 家单位是高校和科研院所，这说明高校和科研院所为土壤及地下水修复行业的技术研发提供了大量技术支撑。实用新型专利授权数量前 10 位的单位中有 8 家为施工企业，说明企业也是修复行业新技术研发的主力军，是技术创新的落脚点（表 2-10～表 2-12）。

表 2-10　近 10 年来中国土壤及地下水修复技术发明专利申请数量排名

排名	单位	申请数量/个
1	北京高能时代环境技术股份有限公司	105
2	中国环境科学研究院	101
3	浙江大学	96
4	中国科学院南京土壤研究所	93
5	东南大学	81
6	常州大学	81
7	青岛理工大学	75
8	四川农业大学	71
9	蒋文兰（个人）	68
10	北京建工环境修复股份有限公司	67

表 2-11　近 10 年来中国土壤及地下水修复技术发明专利授权数量排名

排名	单位	授权数量/个
1	中国环境科学研究院	47
2	中国科学院南京土壤研究所	44
3	华北电力大学	42
4	浙江大学	40
5	东南大学	35
6	南京大学	29
7	同济大学	25
8	北京建工环境修复股份有限公司	24
9	清华大学	24
10	上海市环境科学研究院	23

表 2-12　近 10 年来中国土壤及地下水修复技术实用新型专利授权数量排名

排名	单位	授权数量/个
1	北京高能时代环境技术股份有限公司	69
2	北京建工环境修复股份有限公司	48
3	江苏上田环境修复有限公司	29
4	广西博世科环保科技股份有限公司	27
5	上海岩土工程勘查设计研究院有限公司	26
6	上海格林曼环境技术有限公司	26
7	上海市环境科学研究院	22
8	北京高能时代环境修复有限公司	21
9	武汉都市环保工程技术股份有限公司	21
10	浙江大学	20

2.9 小结

本章主要从土壤修复咨询服务业市场规模、空间分布、项目用地类型、业主单位类型、招标时间、典型项目情况、专利申请等多方面分析了 2019 年土壤修复咨询服务市场状况。

研究认为，2019 年随着土壤修复产业规模的逐年增加及法规政策的日益完善，土壤修复前期咨询服务业的行业规模及市场空间有所提升。全国土壤修复咨询服务业市场金额为 25 亿元，较 2018 年增加了近 30%。土壤修复前期咨询服务类项目金额占当年土壤修复产业项目金额的 15.1%，与美国的数据（40.7%）相比，我国土壤修复前期咨询服务业的市场还有很大的提升空间。按照 2020 年土壤修复咨询服务较 2019 年增加 25%的比例进行预测，预计 2020 年我国土壤修复咨询服务市场的项目数量将达到 1 800 个，项目金额预计为 30 亿～32 亿元。

重点行业企业用地调查项目，2019 年 7.7 亿元的项目金额占当年土壤修复咨询服务业市场规模的 1/3，该类项目也将成为 2020 年土壤修复咨询服务业的重要项目类型，这对我国土壤修复咨询服务从业单位技术水平的全面提升、各类专家队伍的建立、各级政府不同部门土壤污染防治协调配合能力和生态环境管理人员管理能力的提升具有重要作用和深远影响。

省、区、市间市场空间差别较大，经济发展中的土地开发需求仍是现阶段土壤修复业发展的第一刚需。市场规模第一梯队的广东、江苏和天津三省（市）形成了全国土壤修复咨询服务类项目金额近 2/5 的市场，第二梯队中的云南、河北和广西等省（区）主要依靠国家土壤污染防治专项资金的强有力支持，山东、浙江和上海等省（市）与第一梯队一样主要依靠土地二次开发的驱动。2019 年项目金额前 10 名的热点城市贡献了全国 1/3 的市场份额，包括广州、呼和浩特、东莞、昆明、天津（北辰区）、佛山、南京、济南、苏州和青岛等城市。

目前，各级政府管理部门是土壤修复业的主要埋单者。2019 年政府管理部门作为项目业主单位的项目数量占 70.5%。从业单位数量多，但项目集中度较高，大多从业单位表现出“分羹”状态。各级生态环保科研院所是第一主力军，社会化公司和分析检测单位是重要队伍，传统市政设计院已经开始进军土壤修复咨询服务市场。土壤治理修复咨询服务热点城市从业单位的“地方保护主义”色彩明显。

大型项目加快出现。2019 年共计出现 22 个超千万元的前期咨询服务类项目和 5 个超千万元的效果评估项目。大型（甚至超大型）污染地块治理修复项目开始出现以规划编制为统领、提供项目全过程咨询服务的趋势。

3 土壤修复从业机构

我国土壤修复咨询服务和修复工程实施从业单位总体呈现较为分散的特点。2019 年行业内有数千家机构承担了土壤修复业务，包括企事业单位、科研院所、社会咨询公司、市政设计院、分析检测机构等。本章主要基于从业类型的不同，从咨询服务、修复工程、效果评估、社会服务 4 个不同方面开展从业机构类型分析，总结从业机构特点。

3.1 咨询服务从业机构

我国土壤修复咨询行业处于快速发展阶段，行业门槛低、竞争激烈、市场比较混乱。根据数据库的数据信息，2019 年全国土壤修复行业的 1 344 个前期咨询服务类项目，由超千家的企事业单位承接，从业机构类型多样，其中不乏“跨界”机构。总体来看，开展咨询服务的机构主要包括下面几种类型。

（1）科研院所

科研院所包括生态环境部下属的科研院所和地方省、市环科院所。

这些单位是我国各级生态环境主管部门的主要技术支撑单位，其中省级环科院所中，广东、上海、北京、浙江、福建、四川和江西等省（市）的环科院所实力较强，在咨询服务市场中比较活跃；地市级环科院所中，沈阳、南京、广州等市的环科院所比较活跃。各级环科院所是我国土壤修复中非常有实力和重要的队伍，在咨询服务领域非常活跃，为全国土壤污染防治提供了巨大的技术支撑。除此之外，中科院南京土壤研究所、中科院沈阳生态环境研究所是中科院系统内从事土壤污染防治比较活跃的单位。

2019 年，生态环境部直属 6 家事业单位——生态环境部南京环境科学研究所（简称南京环科所）、生态环境部华南环境科学研究所（简称华南环科所）、生态环境部环境规划院（简称环境规划院）、中国环境科学研究院（简称中国环科院）、生态环境部土壤与农业农村生态环境监管技术中心（简称土壤中心）、生态环境部固体废物与化学品管理技术中心（简称固管中心）共计中标 70 个前期咨询服务类项目，项目金额共计 3.79 亿元，占全国前期咨询服务类项目总金额的 16.2%。其中生态环境部南京环境科学研究所中标 15 个项目、项目金额为 15 289.26 万元，生态环境部华南环境科学研究所中标 16 个项目、项目金额为 7 443.65 万元，在生态环境部下属的 6 家单位中，这两家单位承担了项目总数的 44.3%、项目金额占总额的 60%。这两家单位因为起步较早，同时又位于我国土壤修复业活跃的广东省和江苏省，市场区位优势明显，承担的咨询服务类项目较多（图 3-1）。

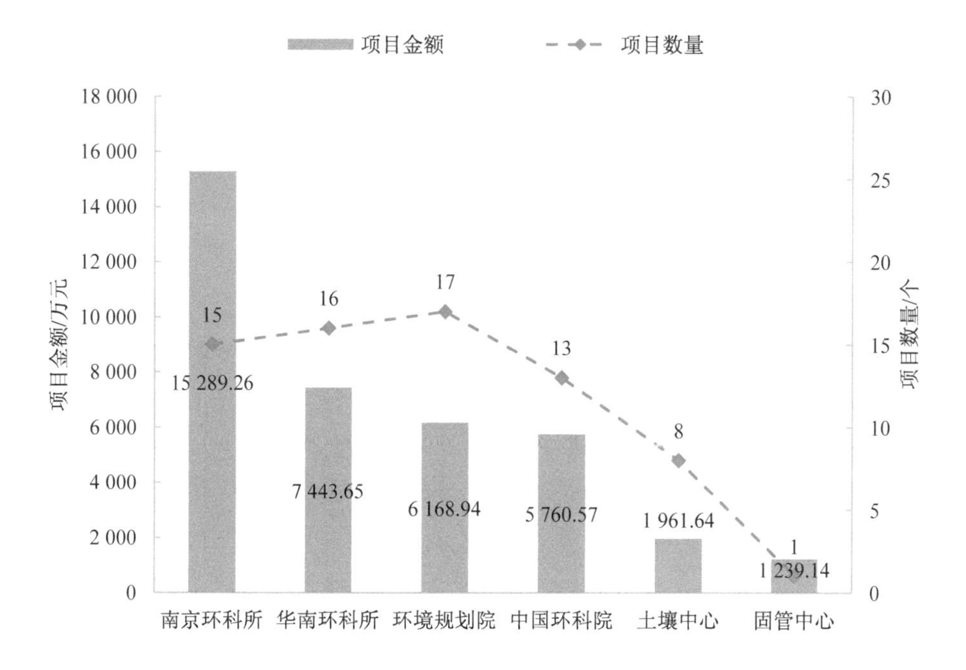

图 3-1　2019 年生态环境部 6 家直属单位中标的前期咨询服务类项目数量和项目金额分布

各省、市环科院所也承担了大量咨询服务工作。2019 年数据库数据显示，各省市环科院所共计中标 66 个项目，项目金额共计 12 977.52 万元（图 3-2），占前期咨询服务类项目总金额（233 229.51 万元）的 5.6%。2019 年广东省内的环科院所，如广东省环境科学研究院、广州市环境保护科学研究院、广东顺德环境科学研究院有限公司、广州市番禺环境科学研究所等中标前期咨询服务类项目共 11 个、合同总金额为 3 868.59 万元，承担项目数量最多、金额最高，占省、市环保科研院所项目金额的 29.8%。江苏省内的环科院所，如江苏省环境科学研究院、江苏长三角环境科学技术研究院等中标项目数量共 12 个，占省、市环保科研院所项目数量的 18.2%。

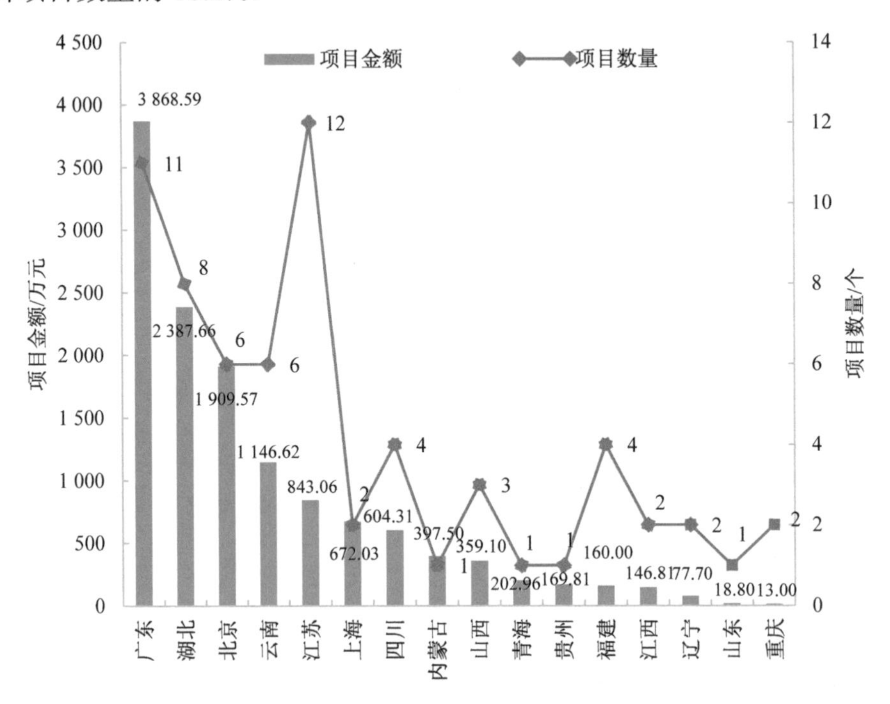

图 3-2 各省（区、市）环科院所中标项目金额与项目数量分布

（2）高等院校

我国高等院校的环境咨询服务队伍也是一支很重要的咨询服务力量。近年来，在土壤修复咨询服务中，南京大学（包括南京大学环境规划研究院）、中国矿业大学（北京）、北京师范大学、大连理工大学、华东理工大学、重庆理工大学、南开大学等高等院校是比较活跃的。

（3）社会咨询公司

在这种类型的单位中，有的从事环境分析检测，有的从事土壤环境调查、风险评估、方案编制、效果评估等，有的同时开展分析检测工作和咨询服务等。根据 2019 年数据库数据分析，开展咨询服务的公司中，易景环境科技（天津）股份有限公司承接项目最多，2019 年承接项目数量达到 26 个，其中天津市内项目 24 个、天津市外项目 2 个，总金额超 4 000 万元。另外，承担项目数量超过 10 个的有江苏环保产业技术研究院股份公司（承接江苏省内项目 15 个、江苏省外项目 1 个）、江苏龙环环境科技有限公司（承接江苏省内项目 13 个）、浙江益壤环保科技有限公司（承接浙江省内项目 8 个、浙江省外项目 2 个）。可以看出，公司化的咨询服务单位多以服务本省的咨询项目为主。

（4）分析检测机构

分析检测机构是从事土壤环境调查评估队伍中不可小觑的力量。2019 年，一些重点行业企业用地调查项目和污染地块调查评估项目在招标报名过程中将是否具有 CMA 资质作为报名门槛条件（虽然这样的条件设置是不合理的），给了分析检测机构良好的市场开拓机会，这些机构不仅限于开展现场采样分析的业务，还进一步拓展了调查与评估等服务，部分城市项目多由本土化的分析检测机构承担。如 2019 年广东利诚检测技术有限公司独立承担了 7 个项目，全部为广东省佛山市项目；广东正明检测技术有限公司承担了 7 个项目，全部为广东省内项目，其中，6 个为东莞市项目，1 个为广州市项目，总金额达到 1 500 万元。另外，如华测检测、英格尔检测、实朴检测等业内较为有名的分析检测机构也承担了部分调查评估项目。

（5）市政设计院

随着土壤修复行业的发展，传统的市政设计院逐步进入土壤修复咨询服务市场中。以上海市政工程设计研究总院（集团）有限公司为例，数据库相关数据显示，2019 年该院承担了土壤修复前期咨询服务类项目共计 19 个，其中 18 个项目包含土壤修复调查评估内容，仅 2 个项目包含方案编制和施工图设计，服务的项目基本为小型的工业/商服用地，19

个项目中上海市内项目有 9 个，总金额达到 3 477 万元。另外，中国市政工程西北设计研究院有限公司等也承担了少部分土壤修复前期咨询服务类项目。

2019 年广州、东莞、青岛、北京和上海等地生态环境主管部门公开了从业机构调查评估报告通过率等信息。从广州市生态环境局网站上公开信息来看，广州市是我国土壤修复咨询服务和修复工程实施最为活跃的地区，2019 年广州市生态环境局对 35 家咨询服务机构提交的 106 份报告进行评审，科研院所是广州当地的主力军，平均每家机构完成了 7 份左右的报告；其次为分析检测机构，这是广州市咨询服务从业机构的特点之一；26 家公司类机构在广州开展业务，但每家机构平均提交的报告在 2 份左右。35 家从业机构包括 28 家广东省内机构和 7 家省外机构，从业机构的“本地化率”为 80%；28 家省内机构提交 98 份报告，省内机构提交报告的“本地化率”为 92.5%。广州市场可以反映出我国土壤修复咨询服务业从业机构数量多、竞争较为激烈，同时体现出科研院所具有较高集聚度的现状（表 3-1）。

表 3-1　2019 年广州市提交调查报告的机构和数量分布

从业机构类型	从业机构数量/家	提交报告数量/份	平均每家机构完成数量/份
科研院所	4	29	7
分析检测机构	4	15	4
公司类机构（不含分析检测公司）	26	61	2
地质勘查机构	1	1	1
合计	35	106	3

数据来源：广州市生态环境局网站公开信息。

2019 年 7 月 1 日—12 月 31 日，上海市生态环境局组织对 16 家机构提交的 34 份报告进行了评审。16 家从业机构注册地点均在上海，本地从业率为 100%，其中科研院所（1 家）、公司类机构（9 家）、分析检测机构（4 家）、市政设计院（1 家）、地质勘查机构（1 家）。“地方保护主义”色彩更加明显。项目集中度非常高，明显集中在上海市环境科学研究院和上海纺织节能环保中心两家机构，其他 14 家机构分别承担 1～2 个项目。

3.2 修复工程从业机构

根据数据库的数据信息，2019 年全国启动修复工程项目数量为 354 个（共计 374 个标段），项目总金额为 95.1 亿元。修复工程项目按照场地类型可以分为 6 种，即工业用地、公共管理/服务用地、农用地、流域用地、矿山/废渣治理用地和其他（填埋场、道路、绿地）/未知用地等。2019 年工程项目以工业用地工程项目为主，项目数量占比 49.15%，项目金额占比 76.72%，农用地类工程项目数量占比 20.9%，项目金额占比 5.36%（表 3-2、图 3-3）。

表 3-2 2019 年土壤修复工程项目用地类型分布

场地类别	项目金额		项目数量	
	金额/万元	金额占比/%	数量/个	数量占比/%
工业用地	729 410.70	76.69	174	49.15
其他（填埋场、道路、绿地）/未知用地	69 051.88	7.26	46	12.99
公共管理/服务用地	18 050.46	1.90	13	3.67
农用地	50 967.21	5.36	74	20.90
流域用地	32 110.46	3.38	14	3.95
矿山/废渣治理用地	51 098.30	5.37	33	9.32

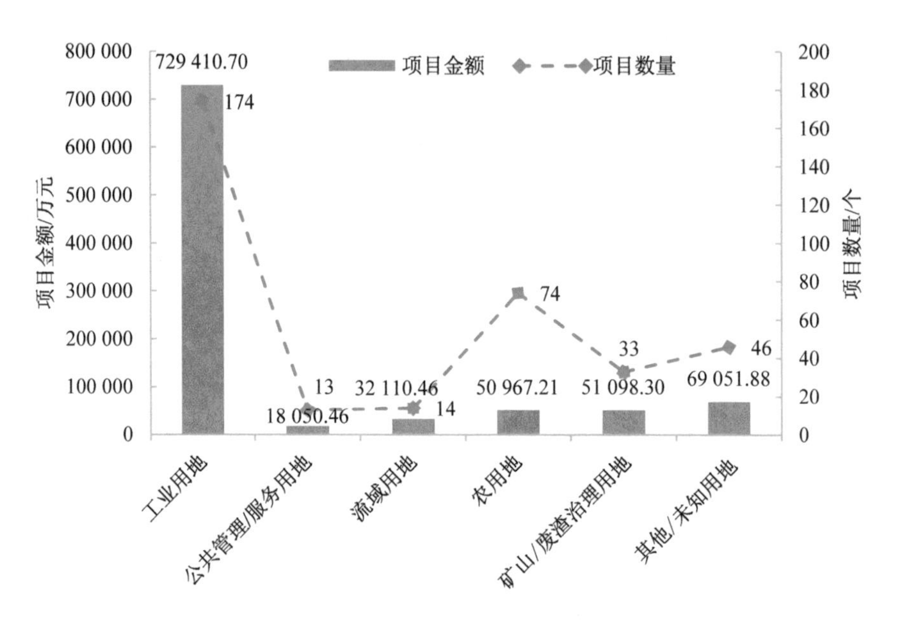

图 3-3　2019 年土壤修复工程项目用地类型分布

根据数据库的数据信息，2019 年全国启动的 354 个修复工程项目由 272 家单位承担。除少数单位承担项目数量超过 10 个以上，其他单位均不超过 5 个。项目承担单位主要有以下几种类型。

（1）工程公司

工程公司为修复工程承担的主体。2019 年共有 207 家工程公司承担了 324 个项目，总金额为 913 090.61 万元。其中北京高能时代环境技术股份有限公司中标 24 个项目，中标金额为 81 421.66 万元；北京建工环境修复股份有限公司中标 15 个项目（不含天津农药股份有限公司地块污染土壤及地下水修复项目，该项目为天津渤化环境修复股份有限公司、北京建工环境修复股份有限公司、国核电力规划设计研究院有限公司 3 家单位共同承担，项目总金额为 172 777.78 万元，为 2019 年单体最大的工程项目），总金额合计为 102 052.27 万元；广西博世科环保科技股份有限公司中标项目 12 个，总金额为 12 018.59 万元。其他 204 家企业中标项目数量均少于 10 个。

（2）传统设计院

随着土壤修复行业的发展，项目招标过程中对资质的要求逐步提高。2019 年有 100 个工程项目在招标过程中提出了设计资质要求，吸引了传统设计院参与土壤修复工程项目。2019 年有 29 家设计单位参与了 43 个修复工程项目，总金额合计为 22 732.91 万元，各单位承担的项目数量均较少。上海环境卫生工程设计院有限公司中标项目 6 个（数量最多），总金额为 2 519.23 万元；上海纺织建筑设计研究院有限公司中标 4 个项目，项目金额为 4 784.34 万元（中标金额最多）。设计单位中标项目中，联合体项目居多，有 14 家单位中标项目是与施工单位组成的联合体。

（3）地质勘查单位

共有 13 家地质勘查单位参与了 15 个项目，总金额为 11 342.86 万元。各家单位基本承担了 1～2 个项目。华北地质勘查局五一四地质大队承担项目金额最大，为 3 886.85 万元。

（4）科研机构

共有 16 家科研机构承担了 19 个项目，总金额为 3 106.45 万元。中国科学院南京土壤研究所中标 4 个（数量最多），总金额为 177 万元；中科吉安生态环境研究院中标项目 2 个，总金额为 798.42 万元（金额最多）。

（5）高等院校

共有 6 所高等院校承担了 12 个项目，总金额为 416.18 万元。包括浙江农林大学、华南农业大学等，中标项目均为农用地类型，中标金额均为 100 万元以下（图 3-4）。

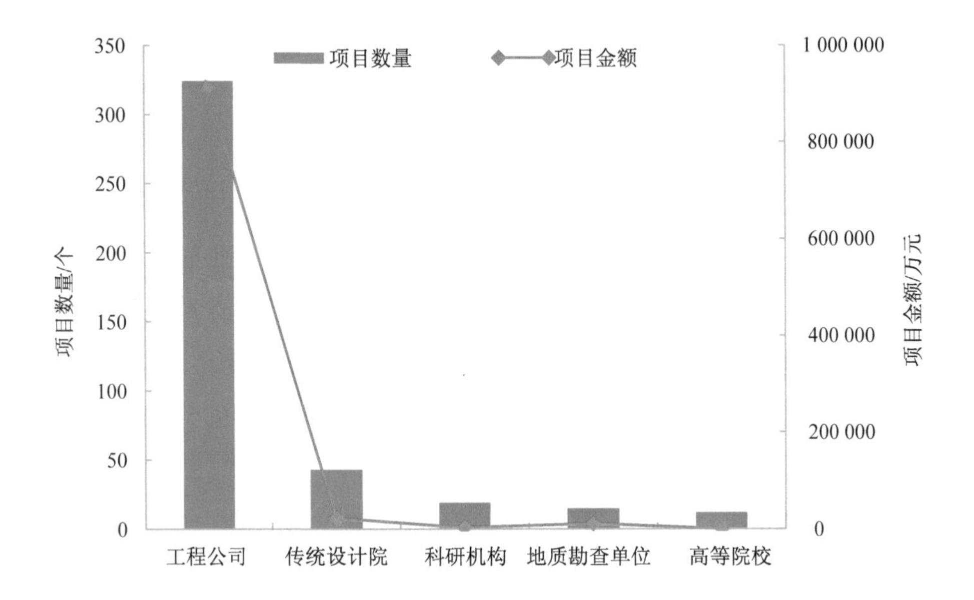

图 3-4　2019 年工程项目承担机构项目数量和项目金额对比

对各家机构承担项目的总金额进行分析，排名前 10 位的工程公司见表 3-3。

表 3-3　2019 年项目金额排名前 10 位的工程公司承担项目情况

排名	机构名称	项目数量/个	项目金额/万元
1	北京建工环境修复股份有限公司	15	102 052.27（不含天津农药股份有限公司地块修复项目）
2	北京高能时代环境技术股份有限公司	24	81 421.66
3	中科鼎实环境工程有限公司	5	58 591.04
4	上海建工集团股份有限公司	1	47 032.21
5	中交天航环保工程有限公司	1	46 951.82
6	北京首华科技发展有限公司	2	26 842.64

排名	机构名称	项目数量/个	项目金额/万元
7	江苏大地益源环境修复有限公司	5	24 313.69
8	浙江卓锦环保科技股份有限公司	2	15 904.69
9	江苏长三角环境科学技术研究院有限公司	1	15 229.36
10	中石化第五建设有限公司	1	13 962.07

2019 年北京建工环境修复股份有限公司部分中标项目情况、北京高能时代环境技术股份有限公司部分中标项目情况、中科鼎实环境工程有限公司部分中标项目情况见表 3-4 至表 3-6。

表 3-4　2019 年北京建工环境修复股份有限公司部分中标项目情况

序号	省份	项目名称	污染类别	场地类别	中标金额/万元	招标人
1	北京	北京化工二厂、有机化工厂原厂址场地 630 地块地下水污染修复项目	—	工业用地	2 257.78	中央国家机关公务员住宅建设服务中心
2	青海	西宁市城东区付家寨区域铬污染地下水风险防控工程项目	—	工业用地	3 008.02	西宁市湟水投资管理有限公司
3	山东	山东东营广饶县甄庙村固体废物简易堆场环境综合整治	—	—	9 643.43	—
4	山西	冶峪河道路快速化改造及综合治理工程挖方堆土修复项目	重金属/有机物	公共管理/服务用地	3 319.14	太原市排水管理处
5	山西	原煤气化厂区土壤污染修复治理项目设计施工（第一标段）	有机物	工业用地	28 728.03	太原市土地储备中心

序号	省份	项目名称	污染类别	场地类别	中标金额/万元	招标人
6	上海	普陀区桃浦河三里村堆放点污染底泥治理修复项目	—	流域用地	238.95	上海市普陀区河道管理所
7	四川	四川省广元市朝天区平溪乡人民政府农用地土壤污染治理与修复一期项目	—	农用地	298.52	四川省广元市朝天区平溪乡人民政府
8	四川	会东县野牛坪大堰灌区农田土壤改良项目	—	农用地	21 613.80	会东生态环境局
9	天津	北辰区高峰路（天重三期）地块治理修复工程	重金属/有机物	工业用地	10 523.78	天津市北辰区土地整理中心
10	天津	天津市静海区静海镇三街化工厂地块污染土壤及地下水修复与风险管控 EPC 项目	—	工业用地	9 997.78	天津市静海区静海镇人民政府机关
11	新疆	新疆昊鑫锂盐开发有限公司原厂址污染场地修复	重金属/有机物	工业用地	3 758.11	新疆金辉房地产开发有限责任公司
12	云南	牟定县郝家河流域污染农用地土壤污染治理与修复技术应用试点项目	—	农用地	993.83	楚雄彝族自治州生态环境局牟定分局
13	浙江	杭州地铁 4 号线二期杭钢站土壤修复工程	—	道路/交通	3 177.78	杭州市运河综合保护开发建设集团有限责任公司
14	浙江	原嘉兴汇源纺织染整有限公司（一期、二期）退役场地土壤修复项目	重金属	工业用地	2 060.00	嘉兴麟溪建设投资有限公司
15	重庆	重庆九龙坡起重机厂原址场地污染土壤治理修复工程	重金属/有机物	工业用地	2 433.32	重庆渝泓土地开发有限公司

表 3-5　2019 年北京高能时代环境技术股份有限公司部分中标项目情况

序号	省份	项目名称	污染类别	场地类别	中标金额/万元	招标人
1	安徽	合肥市红四方化肥厂原址场地治理修复	有机物	工业用地	8 498.99	合肥市土地储备中心
2	安徽	黄山市新光不锈钢材料制品有限公司场地土壤修复工程	重金属/有机物	工业用地	1 218.19	黄山市月潭水库建设投资有限公司、休宁县齐云城市建设投资有限责任公司
3	北京	北京市大兴区黄村镇三合庄改造区 C 组团土地一级开发项目污染场地修复工程	—	—	6 828.28	北京市大兴区黄村镇人民政府
4	广东	广州市新中华家私厂地块场地环境修复	—	工业用地	428.85	—
5	广东	广州建设机器厂地块场地环境修复	—	工业用地	350.70	—
6	广东	广州锌片厂地块（不含安置房）场地环境污染治理与修复项目	—	工业用地	9 093.79	广州市土地开发中心
7	河南	济源市土壤重金属污染农田修复试点项目（二期）三标段	重金属	农用地	868.00	济源市环境保护局
8	湖南	湘潭电化集团生产厂区旧址锰污染土地修复项目	重金属/有机物	工业用地	2 768.19	湘潭发展投资有限公司
9	江苏	南丰镇固体废物倾倒污染事件污染场地修复项目	—	—	439.69	张家港市南丰镇人民政府

序号	省份	项目名称	污染类别	场地类别	中标金额/万元	招标人
10	江苏	海虞镇海军农场填埋场环境修复服务	—	公共管理/服务用地	2 488.09	常熟市海虞镇人民政府
11	江苏	原南通精华制药原料药分厂地块修复	重金属/有机物	工业用地	7 388.92	南通产业控股集团有限公司
12	江苏	洪泽区尾水湿地底泥委托处置工程	—	流域用地	4 800.00	—
13	江苏	中央路 331 号地块土壤修复工程施工	—	工业用地	5 108.87	南京鼓楼房产集团有限公司
14	江苏	泰兴经济开发区沿江大道两侧固体废物填埋场地环境修复项目	—	—	2 668.64	江苏省泰兴经济开发区管理委员会
15	江西	井冈山市耕地土壤污染治理与修复项目	重金属	农用地	986.29	井冈山市环境保护局
16	山东	A-2 区、A-6 区土壤及地下水修复施工（A-2区）	有机物	工业用地	13 675.00	山东大成农化有限公司
17	山西	大同开源一号文化创意产业园项目土壤修复与治理项目二期	有机物	工业用地	2 802.87	大同市国祥文化创意产业管理有限责任公司
18	上海	北杨工业区北杨实业地块场地（华发路以南）土壤修复工程	—	工业用地	368.15	—
19	上海	北杨工业区北杨实业地块场地（华发路以北）土壤修复工程	—	工业用地	267.00	—
20	四川	四川华电宜宾发电有限责任公司原址场地污染环境修复工程	—	工业用地	948.00	四川华电宜宾发电有限责任公司

序号	省份	项目名称	污染类别	场地类别	中标金额/万元	招标人
21	云南	玉溪高新区高龙潭历史遗留废渣风险管控项目设计采购施工一体化（EPC）总承包	—	矿山/废渣治理用地	4 600.00	玉溪高新区投资管理有限公司
22	浙江	桃源 R21-02、R21-03 地块涉及杭钢半山基地转炉区域场地修复工程	—	工业用地	1 168.01	杭州市拱墅区桃源新区开发建设指挥部
23	浙江	安吉县孝丰镇鸿泰化工厂退役场地污染地块修复工程	有机物	工业用地	1 988.98	—
24	浙江	平阳县宠物小镇 R21-01、M2/M3-02 地块场地治理工程设计与施工总承包项目	—	工业用地	1 668.16	平阳县水头镇人民政府

表 3-6　2019 年中科鼎实环境工程有限公司部分中标项目情况

序号	省份	项目名称	污染类别	场地类别	中标金额/万元	招标人
1	广东	广州广船国际有限公司一期地块污染土壤治理与修复项目	重金属/有机物	工业用地	2 920.00	广船国际有限公司
2	广东	广东四明燕塘乳业有限公司地块和广东大日生物制药有限公司地块场地治理修复项目	—	工业用地	3 180.86	广东省农垦集团有限公司、广州市恒燊投资有限公司、广东省燕塘投资有限公司

序号	省份	项目名称	污染类别	场地类别	中标金额/万元	招标人
3	湖南	原长沙铬盐厂铬污染整体治理项目柔性垂直风险管控系统工程总承包	重金属	工业用地	32 298.68	长沙市铬污染物治理有限公司
4	山东	A-2 区、A-6 区土壤及地下水修复施工（A-6 区）	有机物	工业用地	14 701.86	山东大成农化有限公司
5	天津	天津市北辰区化工危险品贸易储运公司地块治理修复工程	重金属/有机物	工业用地	5 489.64	天津市北辰区土地整理中心

3.3 效果评估从业机构

数据库相关数据显示，2019 年全国启动后期效果评估类项目 85 个（共计 86 个标段），项目金额约为 1.7 亿元。项目地块的土地类型可分为 6 种，即工业用地、公共管理/服务用地、农用地、流域用地、矿山/废渣治理用地和其他（填埋场、道路、绿地）/未知用地等。2019 年效果评估项目以工业用地的效果评估为主，项目金额占比 69.14%，项目数量占比 63.53%，无论是项目金额还是项目数量，工业用地均为主要类型。2019 年各种用地类型的效果评估项目数量和金额见表 3-7、图 3-5。

表 3-7　2019 年不同用地类型的效果评估项目金额和项目数量统计

场地类别	项目金额		项目数量	
	金额/万元	金额占比/%	数量/个	数量占比/%
工业用地	11 931.54	69.14	54	63.53
其他（填埋场、道路、绿地）/未知用地	2 133.57	12.36	13	15.29
公共管理/服务用地	1 549.68	8.98	8	9.41
农用地	1 033.62	5.99	3	3.53
流域用地	0	0	0	0
矿山/废渣治理用地	609.78	3.53	7	8.24

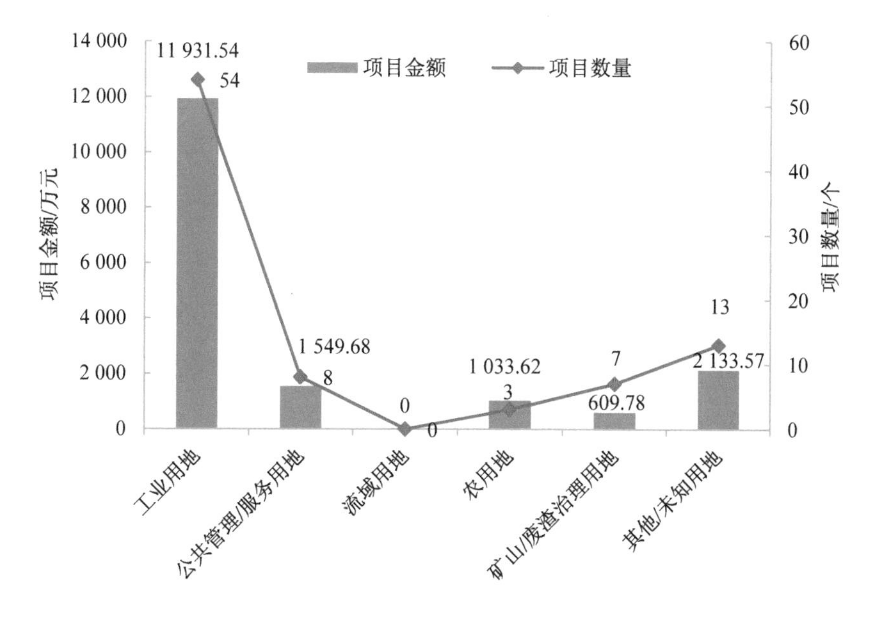

图 3-5　2019 年不同用地类型效果评估项目金额和项目数量对比

2019 年全国启动的 85 个效果评估项目由 67 家单位承担（图 3-6）。

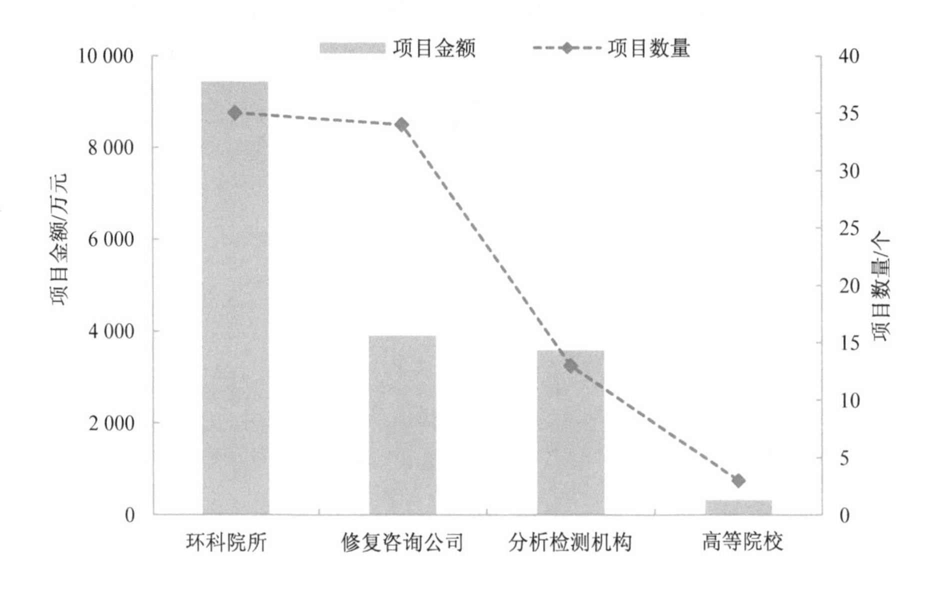

图 3-6　2019 年效果评估项目承担单位数量和项目金额对比

（1）环科院所

与前期咨询服务类项目情况相类似，效果评估项目也以环科院所承担为主，共计 21 家环科院所承担了 35 个效果评估项目，占项目数量的 41.18%，总金额为 9 433.17 万元，占项目金额的 54.66%。生态环境部南京环境科学研究所承担项目数量 6 个（数量最多），总金额为 865.08 万元，其他单位承担项目数量为 1～2 个。

（2）修复咨询公司

2019 年共有 31 家修复咨询公司承担了 34 个项目，占项目数量的 40.0%，总金额为 3 910.44 万元，占项目金额的 22.66%。承担项目金额最大的是北京高能时代环境技术股份有限公司，独立承担了 1 个效果评估项目，总金额为 798.88 万元，表明工程公司也逐渐加入了效果评估行业。

（3）分析检测机构

2019 年分析检测机构逐渐开始独立承担咨询项目和效果评估项目，有 12 家分析检测机构承担了 14 个效果评估项目，占项目数量的 16.47%，总金额为 3 586.88 万元，占项目金额的 20.78%。

（4）高等院校

2019 年仅中国地质大学（武汉）、同济大学、重庆大学 3 家高等院校开展了效果评估项目，各家均承担了 1 个项目；占项目数量的 3.53%，金额合计为 327.70 万元，占项目金额的 1.90%。

3.4 社会服务从业机构

社会服务从业机构是推动土壤修复产业发展的重要力量，尤其是各种修复产业联盟、技术创新联盟等，搭建了很好的产学研用联动平台，提供社会化培训，定期组织开展行业内技术交流研讨等活动，组织土壤修复技术与装备展览等活动。

1）2019 年 11 月，中国化工环保协会土壤修复专业委员会成立大会在南京顺利召开。该专业委员会以应用为导向、以产业为主线、以技术为核心、以创新为动力、以推动石油化工行业绿色发展为努力方向，致力于建设引领行业发展的政策、标准、技术、人才、金融新高地，构建产、管、学、研、用相结合的技术创新平台，为我国化工类遗留污染地块治理修复拉开了新的序幕。

2）2019 年 12 月，江苏省土壤修复标准化技术委员会成立大会在南京召开。该委员会的主要职责和作用包括：发挥技术平台作用，重点构建具有江苏特色的土壤修复行业标准体系；引导土壤修复行业从业机构着力提升江苏土壤修复产业的整体水平和核心竞争力；抢占技术标准高地，努力推动江苏土壤修复领域标准化与国际接轨；着力培养土壤修复产业标准化人才，加强规范管理，提升凝聚力，促进标准化技术委员会各项工作落地见效。

3）2019 年 12 月，生态环境部正式成立国家土壤生态环境保护专家咨询委员会，由土壤、地下水、农业农村生态环境领域的 60 余名知名专家学者组成，为土壤、地下水、农业农村生态环境保护重大政策、重大规划、重大问题提供决策咨询，提升管理决策的专业化、精细化水平，为打好净土保卫战提供高水平的智力支持。

除上述新建平台以外，2019 年一些联盟组织开展了具有较大影响力的行业交流活动。中关村土壤环境创新技术联盟是我国从事国内外土壤修复技术交流、培训非常活跃的社会公益组织，2019 年先后组织多次大型技术交流和培训活动，促进了土壤修复产业不断发展。易修复环境学院致力于培养专业的从业人员和修复工程经理，2019 年先后组织了 4 次系列培训，被认为是土壤修复技术人员的“黄埔军校”。2019 年 6 月中国环保产业协会组织第三届中国可持续环境修复大会，设置了一个主会场和八个分会场，内容覆盖政策、标准、技术、产业等多个方面，参会人员首次突破千人，是我国土壤修复领域内最有影响力的全国性技术交流盛会。

3.5 小结

本章主要分析了 2019 年从事土壤修复咨询服务、修复工程实施和效果评估等从业队伍的总体状况。

2019 年研究数据表明，总体而言我国土壤修复咨询服务和修复工程实施从业单位呈现较为分散的特点。全国土壤修复行业 1 344 个前期咨询服务类项目由超千家的企事业单位承接，从业单位类型多样，其中各级科研院所是咨询服务业非常有实力和重要的队伍，是承接各类咨询服务类项目的主要从业单位，国家级环科院所和部分省级环科院所是主要的咨询服务技术队伍。除此之外，高等院校、社会咨询公司、分析检测机构、市政设计院也是咨询服务业重要的承担机构。2019 年全国启动的 354 个修复工程项目由 272 家单位承担，承担主体主要是工程公司，设计院、地质勘查单位、科研机构、高等院校承接了少量且体量较小的工程项目。从项目金额来看，位居前 5 位的工程公司分别是北京建工环境修复股份有限公司、北京高能时代环境技术股份有限公司、中科鼎实环境工程有限公司、上海建工集团股份有限公司和中交天航环保工程有限公司。另外，市政类型的设计机构开始进入土壤修复行业，与修复工程公司共同组成联合体，开展修复工程的设计或者从事修复工程实施。随着这一趋势的进一步发展，将会对我国修复工程设计的发展发挥积极作用，不断促进修复工程的标准化、规范化和程序化。2019 年启动的效果评估项目相对较少，主要承担主体为各级各类环科院所。效果评估是风险管控工程或者治理修复工程实施过程中非常重要的环节，我国应加强对效果评估实践中出现的各种问题的及时总结，既提高效果评估的技术水平，同时也使效果评估能够在土壤环境安全利用和经济发展中寻求到最佳的平衡点。

4 咨询服务技术发展

2019 年土壤咨询服务业快速发展，推动了相关技术的探索和研究，另外国家、省和地市等相关部门都发布了一系列政策、标准和规范性文件，对前期调查、风险评估、治理修复和效果评估的技术有了更高的要求。本章从污染识别技术、土壤环境调查技术、风险评估技术、效果评估技术等四个方面分别阐述在咨询服务过程中的技术重点，归纳各项技术在应用过程中可能出现的典型问题与解决办法，可供咨询服务单位在项目实施过程中参考。

4.1 污染识别技术

《建设用地土壤污染状况调查技术导则》（HJ 25.1—2019）将建设用地调查划分为三个阶段，其中第一阶段调查通常也称为“污染识别”，是在不开展采样调查的情况下，通过采取资料分析、现场踏勘和人员访谈等方式，定性识别场地特征污染物及了解大致分布的过程。若要高质量完成第一阶段调查，必须对该阶段调查目的有深刻认识。第一阶段调查工作在整体调查过程中应实现如下目的：①定性判断场地是否受到污染；②识别场地内可能的污染物类型并对污染特征进行分析；③为第二阶段调查采样点位的确定提供指引和依据。

第一阶段调查的主要任务包括资料收集、现场踏勘、人员访谈、分析与建议等四个方面。结合实践经验，具体可划分为 11 项具体任务（表 4-1）。

表 4-1　第一阶段调查的主要工作内容

序号	具体任务	主要产出
1	资料收集	资料收集清单
2	调查地块生产历史沿革及当前生产分析	地块使用权人、变更情况；不同阶段生产历史、生产功能区布置等
3	现场踏勘（地块内和地块附近）	主要区域现场踏勘后的现状图片和文字说明；重点区域地表覆盖状况；初步调查的布点建议
4	人员访谈	人员访谈记录表
5	生产工艺及产排污分析	生产工艺流程图（含产排污节点）；原辅材料和产品（含副产品）中化学品清单；不同主要阶段的卫星地图
6	污染防治工艺及分析	废气污染物名单；废水污染物名单；固体废物（含危险废物）处置设施的三防状况；不同区域的潜在污染物
7	企业违法行为分析	历史上发生的违法排污、化学品泄漏、固体废物就地填埋等事件的状况；违法行为对土壤和地下水造成的可能影响
8	地块水文地质条件初步分析	区域性土壤分层结构、土壤性质；地下水补给条件、地下水流向等初步信息
9	地块未来规划用途分析	调查地块未来规划用途；地块所在区域的地下水规划用途；地块邻近区域地表水用途
10	不同区域特征污染物识别和调查建议	场地分区特征污染物清单、主要污染物特性；第二阶段初步调查的布点建议
11	不确定性分析	不确定性问题、原因和可能的影响分析

调查地块生产历史及现状分析是该阶段的重点和难点，应该包括不同时期生产状况分析、地块历史卫星图分析和地块使用权人分析等三个方面的内容。需要分析不同阶段生产过程中原辅材料消耗数量、产品和副产品生产数量等内容，计算原辅材料中有毒有害物质的年使用量、产品中有毒有害物质的年产量之和及最近 3 年的平均值，并以列表形式进行表达，形成危险化学品名单。通过消耗数量、产品数量、储存部位的分析，对土壤（地下水）潜在污染物类型、分布和可能的污染程度有总体的定性认识。结合“土地使用证或不动产权证书”，对每个阶段的地块使用权人进行分析。若被调查的地块涉及不同的业主（土地使用权人），则需要说明不同历史时期、不同土地使用权人的情况。

现场踏勘阶段需要注意以下技术要求：①明确重点区域的现场状况和进行地表覆盖情况分析。尤其是分析主要的生产区、储存区、废水治理区、固体废物储存或处置区等区域的地表覆盖情况，包括硬化地面是否完好，是否有破损或裂缝等情况；②通过踏勘，提出土壤采样点位布设建议；③明确地下（半地下）罐体或管线现状；④对残留废弃物现状进行踏勘，写明调查区域内是否有残余废弃物（包含数量、位置、形状等），以图和文字形式表述过去和现在废物填埋或堆放的地点和处理情况；⑤现场开展必要的土壤快速检测及分析。

在开展污染集中处置设施的分析时，对调查地块曾经进行的污染物集中处置情况进行阐述，包括大气、废水、固体废物（含危险废物）等不同类型废物的处置工艺，绘制工艺流程图。形成废气污染物名单和废水污染物名单，分析某一年份各项污染物的年排放量等。固体废物（含危险废物）处置过程是造成土壤污染的主要原因，所以调查工作和报告编制中应注意对以下问题进行描述：①企业产生和储存的固体废物（含危险废物）的数量；②对固体废物（含危险废物）储存区的防护水平进行评价，包括地面硬化、顶棚覆盖、围堰围墙、雨水收集导排系统等质量状况。

第一阶段调查工作需要注意不能遗漏企业违法行为。通过走访和调研地方生态环境部门、网上查询等途径，明确历史生产企业和当前生产企业：①是否存在环境违法行为；②是否发生过化学品泄漏或环境污染事故；③分析曾因废气、废水、固体废物造成的环境问题举报或投诉的情况。若上述情况确有发生，需将有关情况进行全面阐述，重点分析违法行为对土壤和地下水污染的可能影响。

开展不同区域特征污染物分析时，汇总确定不同生产区域的特征性污染物。若历史上在不同阶段采取了不同的生产工艺，则应将不同阶段生产形成的特征污染物分别进行识别，然后将历史生产和最近生产形成的特征污染物进行汇总。污染物特征的分析主要从如下四个方面进行：①污染物的毒性；②污染物中是否含有持久性有机污染物；③污染物的挥发性；④污染物的迁移性。

开展调查分区并提出初步调查点位布设的建议，从以下方面进行：①结合生产功能分区布置图，说明调查分区计划。划定潜在重污染、潜在中度污染和潜在轻度污染等不同类型的区域，明确每个类型区域的范围；②提出每个区域内调查点位的布设建议。在生产功能分布布置图上写明第二阶段初步调查点位的布设建议，说明生产行为与调查点位布设的关系；③判断污染物的可能分布。根据地块的具体情况、地块内外的污染源分布、水文地质条件，以及污染物的迁移和转化特征等因素，分析说明污染物在土壤和地下水中的可能分布，为制定采样方案提供依据。

4.2 土壤环境调查技术

现场调查及样品采集阶段的难点和重点主要包括检测指标的确定、

调查布点和采样深度的设置及挥发性有机物的采集。

①检测指标。《土壤环境质量　建设用地土壤污染风险管控标准（试行）》（GB 36600—2018）提出建设用地土壤污染初步调查阶段需要检测的 45 项污染物指标，以及充分考虑不同工艺特征下污染物迁移转化和发生二次反应后形成的污染物等情况，最大限度检测可能存在的各种有毒有害污染物。

②调查布点和采样深度。应综合考虑土壤污染的不均质性特点、污染物类型、迁移转化特点，采用系统、网格和专业判断相结合的方法进行布点，同时应注意采样深度的设置，以便尽可能地摸清不同深度的污染程度及污染的深度，按要求采集 0～0.5 m 表层土壤样品，0.5 m 以下深层土壤样品根据判断布点法采集，建议 0.5～6 m 土壤采样间隔不超过 2 m，并直至无污染的土壤为止。

③挥发性有机污染物的采集。2019 年新发布了《地块土壤和地下水中挥发性有机物采样技术导则》（HJ 1019—2019），对《建设用地土壤污染风险管控和修复监测技术导则》（HJ 25.2—2019）中挥发性有机物和易分解的有机物的钻探、采集的要求进一步细化，重点提出了减少人为扰动对挥发性有机物采集的影响。如土壤中挥发性有机物的钻探要求采用对土壤扰动较少的冲击式钻机、直压式钻机或复合式钻机等，防止土壤扰动、发热，减少挥发性有机物的挥发。当采集用于测定不同类型污染物的土壤样品时，应优先采集用于测定挥发性有机物的土壤样品，此外采集土壤样品时应尽可能保持对原状土的采集或至少保证快速采集。地下水中挥发性有机物的采样应保证按照规范要求建设监测井，优先推荐低速采样，防止地下水扰动、发热，减少挥发性有机物的流失，还对样品采集前的洗井要求进行了规定。

为更好地应对现场调查精细化要求，近年来不少科研项目如科技部“场地土壤污染成因与治理技术重点专项”及省部级科研项目都加大了调查新技术和新方法的应用研究。下面进行有关分析。

（1）决策单元多点增量采样方法（DUMIS）

目前国内采用的土壤离散点采样方法主要有对角线采样法、梅花形采样法及蛇形采样法。传统的离散点采样方法采样点数和样本量少、样本代表性差、数据随机性强、平均值估算的误差较大，往往低估土壤平均浓度而容易造成决策错误。为减小决策风险，必须控制数据的变异，提高数据质量。近年来，欧美发达国家开始将基于现代采样理论的决策单元多点增量采样方法（decision unit-multi increment sampling，DUMIS）用于土壤、沉积物、水体等介质的环境调查中，该方法基于现代采样理论，通过采取多点采集分样、大样本量等方式提高样品代表性，并通过野外采样、室内制样和实验室分析进行全过程质量控制，确保数据的重现性和结论的可靠性。近几年，美国夏威夷州、美国陆军工程兵团、美国州际技术及管理委员会（ITRC）等都制定了相关技术导则，美国国家环保局最新的政策文件中也批准在含有多氯联苯（PCBs）的污染场地清理项目中采用决策单元多点增量采样方法。目前，中国科学院南京土壤研究所宋静等（2019）将该方法在我国不同类型场地土壤环境调查中开展了实践，其本土化应用还有待于进一步探索。

（2）采样调查精度的优化

土壤采样调查是获取土壤污染物空间分布信息最重要的手段，采样调查结果的精度直接影响污染风险评价结果的准确性和风险管理决策的合理性。土壤污染调查包括土壤点位布设、样品采集、污染物含量分析等环节，而土壤采样布点方案是影响污染物调查准确性的主要因素之一。因此科学合理的土壤采样布点方案对保障污染调查结果的精度非常重要。传统的土壤污染调查布点方法主要用于对污染物总体（平均含量）的最佳估计（Brus et al.，1999），样本量主要取决于污染物含量的空间变异程度。近年来，应用统计学方法来提高土壤污染调查精度已成为研究热点之一（D'Or，2005；Demougeot-Renard et al.，2004），该方法基于土壤污染物空间分布的自相关性，优化土壤调查布点空间布局，可提高土壤污染调查效率（Burgess et al.，1981；Demougeot-Renard et al.，2004；Englund et al.，1993；阎波杰等，2008；赵倩倩等，2012）。谢云峰等（2016）在初步调查的基础上，采用地统计条件模拟方法预测土壤污染概率，基于污染概率和土壤污染物含量局部空间变异情况确定加密布点的优先区域，并根据污染物含量的空间变化趋势布设采样点，结果表明该方法在保证土壤污染调查精度的同时，相比较传统调查方法而言可显著降低土壤污染调查的样本数量。

（3）膜界面传感器（MIP）的应用

膜界面传感器（MIP）主要用于探测地下挥发性有机物（VOCs）位置和浓度，形成对土壤、地下水中有机物浓度分布的实时、连续记录。国内外学者对膜界面探测器的应用案例进行了分析研究，证实了 MIP 应用于污染场地勘查的可行性与高效性。鉴于 MIP 在有机物污染场地勘查中的应用价值，美国材料与试验协会（ASTM）在 2012 年总结发布了利用 MIP 进行土壤、土壤气体及地下水有机物含量检测的技术指南，以指导 MIP 在有机物污染场地勘查中的推广应用。实际工作中，检测器可采用便携式气相色谱仪，可配置氢火焰离子化检测器（FID）、电子捕获检测器（ECD）和光离子化检测器（PID）等单个或多个检测器。目前，MIP 探测技术已经作为一种半定量评价方法应用于污染地块土壤环境调查中，朱煜等（2015）通过 MIP 对上海的总石油烃（TPH）污染场地进行调查，对场地内土壤和地下水中存在的 TPH 污染进行现场筛选检测工作（图 4-1）。近年来，国内外众多学者针对 MIP 在实际运用中遇到的残留效应、检测限等问题进行了定性或定量化研究，使 MIP 的探测精度、数据解译精度得到了提高。但需要说明的是，MIP 技术目前只适用于提高现场采样精度和减少采集样品量等方面，如要精确获取污染物种类与浓度，仍然需要进行土壤取样后分析确定。

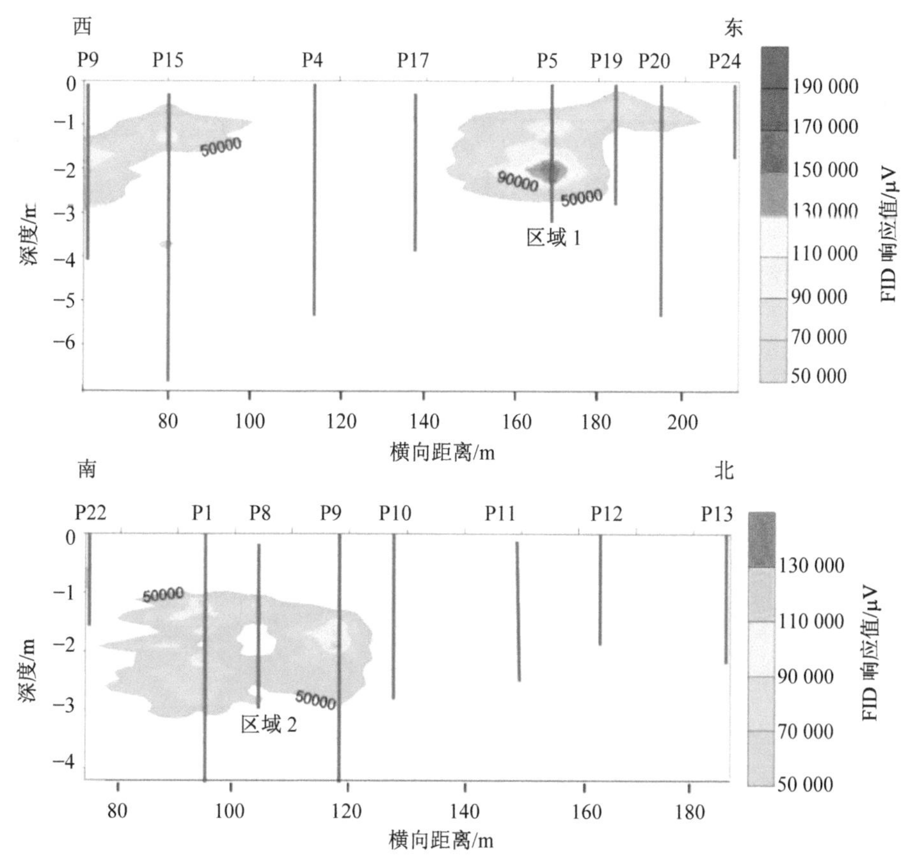

图 4-1　某污染地块 FID 响应值横断面示意

资料来源：朱煜. 薄膜界面探测器在污染场地调查中的应用实例探讨[J]. 城市道桥与防洪，2015（6）：228-231.

（4）地电阻影像剖面探测技术（RIP）

地球物理测勘技术特别是地电阻法具有测勘成本低及探测快速等特性，常被应用于污染调查或监测，以了解地层受污染状况及有效地获得土壤或地下水内污染带的分布情形，迅速获得地层受污染的空间分布。RIP 根据地层因组成材料及胶结状况不同，会表现出不同的导电特性的特点进行探测，一般以电阻率代表物质的导电性质。因此，通过探测地层电阻率在垂直方向及水平方向的变化情形，可间接了解地层构造。RIP 除可有效应用于地下管线渗漏调查、污染带范围界定及修复成效评估等方面外，由于重质非水相流体（DNAPL）的电阻比地下水高，利用二者的不同，可描绘显示出 DNAPL 位置的二维或三维电阻分布(图 4-2)。

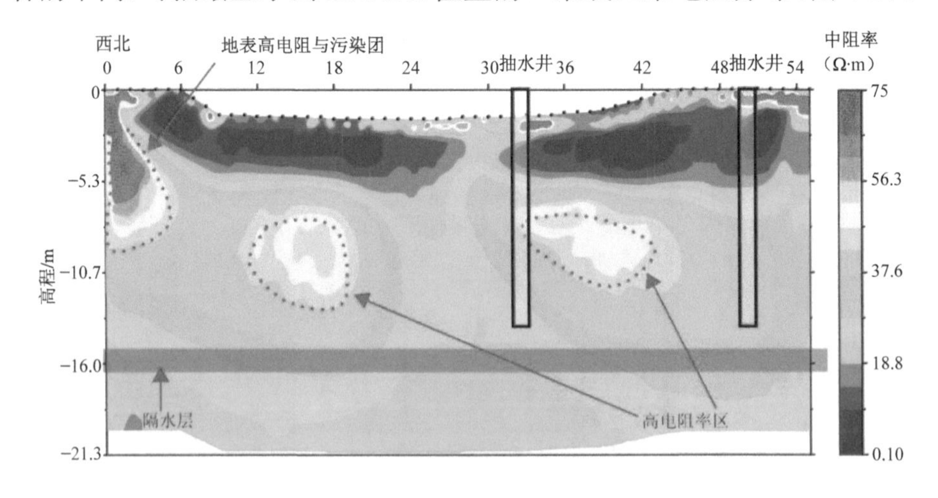

图 4-2　受 DNAPL 污染的电阻分布剖面示意（杨洁豪，2007）

（5）便携式气相色谱-质谱联用仪（GC/MS）

便携式 GC/MS 的分析原理与传统的 GC/MS 相同，主要差异表现在样品保存与注射方面。采样人员在现场采集样品后，立即交给现场的分析人员，分析人员处理后注射进保留气体空间（head space）的样品瓶内，该样品瓶即可上机进行分析。美国环境保护主管单位亦曾针对便携式 GC/MS 进行技术评估，在污染地块进行便携式 GC/MS 与实验室数据分析的比对，结果显示便携式 GC/MS 与实验室分析数值仍有差异，但是基本上在同一级数内。2019 年生态环境部环境规划院和湖北省监测中心站应用便携式 GC/MS 对湖北某农药污染地块进行现场采样（图 4-3），成功识别出该地块特征污染物及初步污染水平，简化和加快了后续样品检测工作，进一步降低了调查成本，加快了调查进度。需要强调的是，便携式 GC/MS 的相关仪器只适合挥发性较高的含氯有机污染场地调查，对于 PCBs、杂酚油及煤焦油等其他类挥发性低的 DNAPL 污染物并不适用。

图 4-3　便携式 GC/MS 的现场应用

（6）土壤气体调查

土壤气体调查（soil gas survey）是探测非饱和层（vadose zone）中土壤间隙气体中的挥发性有机物浓度，因此对于挥发性较高的 DNAPL 污染物，如含氯有机溶剂污染的场地，可初步分析污染范围和污染程度，数据资料可作为后续土壤及地下水采样布点方案的参考。采样方法包括主动式（图 4-4）和被动式，主动式土壤气体采样方式在国内已经采用多年，技术已经趋近成熟。

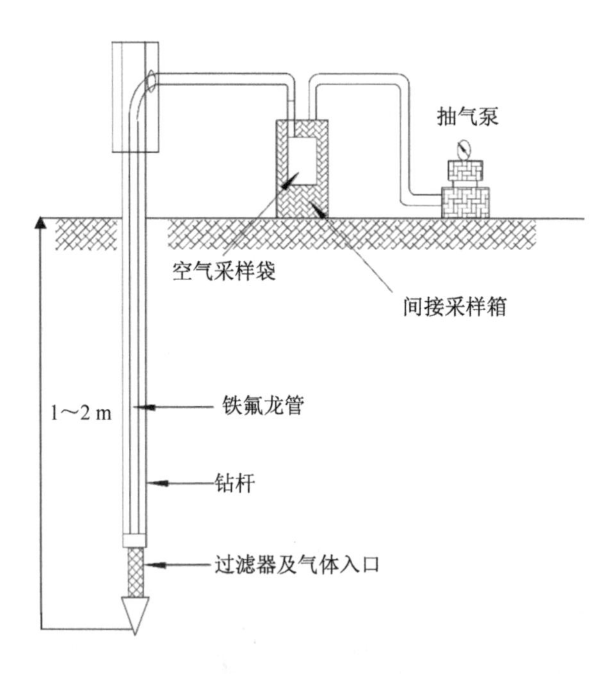

图 4-4　主动式土壤气体采样器示意

（7）恶臭气味调查

恶臭物质种类繁多，影响范围大，恶臭污染主要通过人的嗅觉来加以表征，因此当大气环境受到污染时，由于人类嗅觉的灵敏度高，恶臭污染极易被人感知到。这些恶臭气味的物质成分包括硫化氢、氨气等无机化合物和大量极为复杂的挥发性恶臭有机物（MVOC），MVOC 分子结构中通常带有的特殊发臭基团是产生恶臭气味的主要原因。与土壤污染隐蔽性不同，土壤中恶臭物质很容易被周边人群察觉。近年来污染地块的调查与修复受到公众越来越多的关注，如何调查和处置土壤中的恶臭物质和消除恶臭气味已成为修复过程中需要解决的突出问题。目前，国内一些如化工、农药、石化等典型行业污染地块涉及恶臭气味，调查单位也逐渐将恶臭气味的调查纳入污染地块的调查和评估中。目前，在《恶臭污染物排放标准》（GB 14554—93）中对于人体感官影响的控制指标主要为臭气浓度，对于土壤恶臭控制值评估体系还需尽快构建国家标准。

4.3 风险评估技术

开展人体健康与环境定量风险评估是建立我国城市污染场地管理体系不可缺少的技术手段，也是适合我国国情并走向土壤与地下水修复及综合环境管理可持续发展的必然趋势。根据 2019 年年底修订的《建设用地土壤污染风险评估技术导则》（HJ 25.3—2019），风险评估技术包括多层次分析框架，需要结合场地特征信息逐渐提高评估体系的复杂程度，最终利用污染场地特征参数确定的筛选值来判断该场地是否受到污染，衡量该场地污染程度并决定污染修复终点。

风险评估技术的难点和重点主要包括暴露参数、毒性参数及人体健康差异化的取值问题。①根据用地类型设置各类暴露参数的推荐值。仅考虑第一类用地与第二类用地而未进一步分析各种不同类型用地规划情景，可能无法做到较好地区分暴露人群的风险表征结果。在相关研究中虽有学者对不同规划方式下的用地进行了健康风险表征，但也仅是在第一类用地与第二类用地的基础上，针对仅有室外暴露途径的第二类用地进行了研究，未结合城市用地规划种类进行细分研究。②毒性参数推荐值选取的本土化问题尚未解决。目前毒性参数主要来自美国国家环保局发布的区域筛选值（RSL），同时参照美国国家环保局综合风险信息系统数据、临时性同行审定毒性数据和该数据库的最新发布数据变化等。但是随着社会的发展，新品种化学物质的产生速度远远超过对化学物质毒性数据的研究速度，因此，毒性数据的空缺有时使我们忽略了环境中某种污染物对暴露人群的健康危害。③人体不同生理期对毒物耐受性的差异将影响最终风险结果的计算准确性。因此，需进一步加强土壤环境标准方面的研究，推动对 HJ 25.3—2019 中模型参数进行修正与本地化的研究，降低污染场地风评结果的不确定性，提高场地风险评价结果的科学性和准确性。

基于层次化和精细化的场地风险评估体系及修复目标值的确定方法（表 4-2）得到越来越多的认可。分层次风险评估基本工作流程如图 4-5 所示。

表 4-2　修复目标值的确定方法

层次划分	修复目标值确定方法	适用条件
第一层次	采用筛选值作为修复目标值的方法	主要针对小型污染场地，工程量较小、成本低、时间要求紧。尽管采用筛选值过于保守，但是相对而言，开展深层次的风险评估的时间周期和经济成本较高
第二层次	采用现有导则推荐的风险评估方法	主要针对中小型且污染程度较轻的场地
第三层次	基于污染物浓度的变化趋势、生物有效性等复杂模型或现场辅助实验等基础综合考虑技术和经济因素的精细化风险评估方法	主要针对大型复杂污染场地。大型复杂污染场地是指场地面积大，水文地质条件复杂，污染物种类多、污染范围广且严重、治理修复难度大且治理费用高，具有复杂的社会、经济和环境影响的污染场地

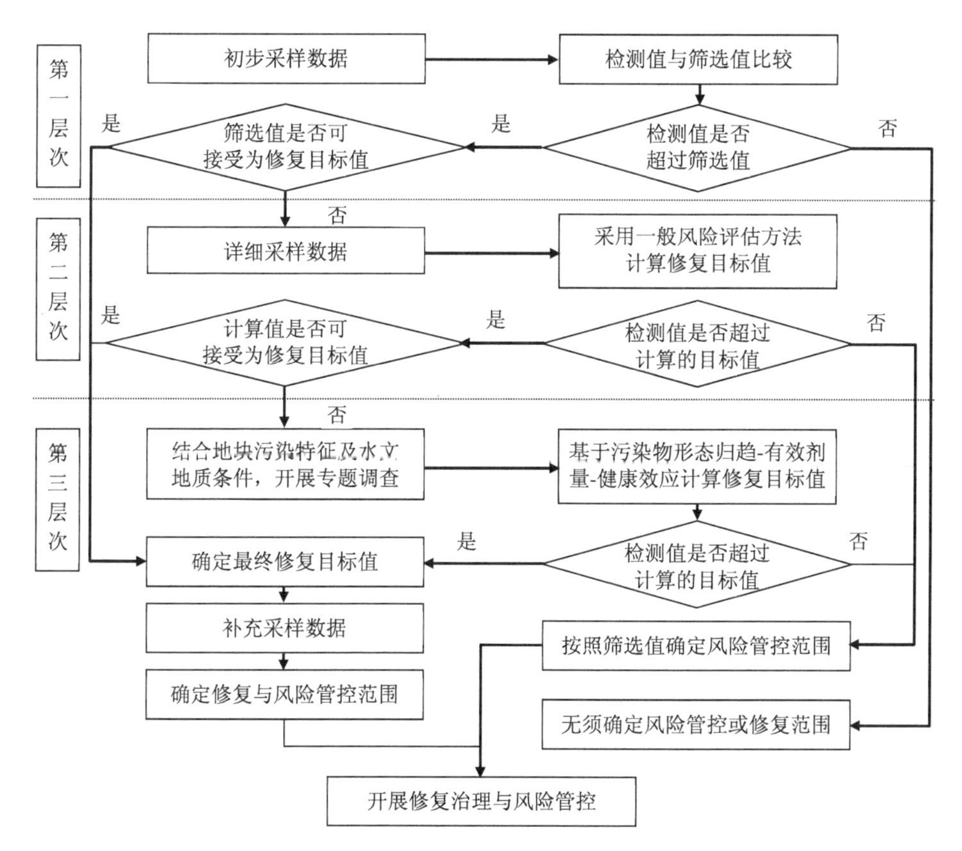

图 4-5 分层次风险评估基本工作流程

作为污染场地管理和风险评估的重要工具，风险评估软件能够有效提高风险评估工作效率，大大减轻工作量。近年来，风险评估软件的开发应用是国内相关研究领域的热点内容。陈梦舫等（2011）基于 Windows 平台收录的610种目标污染物的毒性参数设计了一种适合我国实际情况的风险评估软件——HERA^{++}系列优化软件，该软件操作简捷，大大减少了污染场地风险评估过程的工作量。尧一骏等利用 Excel 和 Visual Basic 等工具开发了针对国内污染场地再开发的污染场地风险评估软件。

4.4 效果评估技术

2018 年 12 月发布实施的《污染地块风险管控与土壤修复效果评估技术导则（试行）》（HJ 25.5—2018）系统规定了建设用地污染地块风险管控与土壤修复效果评估的内容、程序、方法和技术要求。2019 年 6 月发布实施的《污染地块地下水修复和风险管控技术导则》（HJ 25.6—2019）规定了污染地块地下水修复和风险管控的技术方案、工程设计及施工、工程运行及监测、效果评估和后期环境监管等内容。这两项导则的出台加强了环境保护监督管理和污染地块环境风险管控，为开展污染地块风险管控与修复效果评估工作提供了科学指引。北京、上海、重庆、浙江、广东等省（市）制定了区域性的规范文件，这些省级规范文件发挥了积极作用。

效果评估过程中存在着包括地块修复概念模型的更新、原位修复效果评估、风险管控效果评估及修复极限等技术性问题。

（1）地块修复概念模型的更新

在污染地块修复阶段，各地块水文地质条件差异、修复模式不同、目标污染物性质不同等因素，使得修复过程具有各种类型的不确定性，更新地块修复概念模型主要通过分析场地水文地质条件、污染物理化参数和污染物空间分布、潜在运移途径、修复目标、修复方式、修复过程监测数据等情况，以文字、图、表等方式表述场地地层分布、地下水埋深和流向、污染物空间分布特征、污染物迁移过程和途径、污染物修复过程、污染土壤去向、受体暴露途径等，对治理和修复后地块各方面情况进行综合分析，用以指导场地修复效果评估范围确定、效果评估指标和标准值确定、效果评估介入节点确定等关键问题。在效果评估开展过程中，可根据资料与数据的充实程度，不断完善场地概念模型，以科学合理评估场地修复效果。

（2）原位修复效果评估的技术方法

原位修复效果评估的范围一般为修复范围内部，评估指标为地块调查评估和修复方案中确定的目标污染物，但修复过程可能造成其他区域污染，在化学氧化/还原修复过程中，有可能产生二次污染物，原目标污染物的浓度被降低、风险被减小，但其二次污染物可能会带来新的风险，因此应予以关注。各类修复技术应用的过程中产生的特征性污染物不同，导致二次污染区域范围的界定不明确，这也是需要关注的问题。

（3）风险管控效果评估指标

风险管控效果评估指标包括工程性能指标和污染物指标两类。工程性能指标根据不同的风险管控方式有所不同，例如，固化/稳定化技术包括抗压强度、渗透性能等指标，阻隔填埋技术包括渗透性能、阻隔性能、工程设施连续性与完整性等指标。对于工程性能的评判要求一般须达到设计要求方可起到风险控制的作用，若实施过程中与设计有所不同，也应不影响预期效果。除了工程性能指标外，风险管控措施的评估还包括污染物指标，具体包括污染物浓度、浸出浓度、土壤气体污染物浓度、室内空气污染物浓度等。《工业企业场地环境调查评估与修复工作指南（试行）》提出，“当采用降低土壤中目标污染物的活性和迁移性控制其风险的固化/稳定化技术时，应根据固化体最终处置地的环境保护要求，确定其浸出浓度限值”。因此固化/稳定化产物的浸出毒性应达到填埋场入场控制标准或处置地相关管理标准的要求，作为资源化利用的应达到相关用途管理标准的要求。若工程性能指标和污染物指标均达到评估标准，则判断风险管控达到预期效果，风险管控措施可继续推行。若工程性能指标或污染物指标未达到评估标准，则风险管控未达到预期效果，须对风险管控措施进行优化或调整。由于风险管控措施会影响水位、水文地质参数等，可以运用这些指标来判断风险管控措施是否起到预期效果。关于风险管控措施的效果评估存在采样频次的问题，《污染地块风险管控与土壤修复效果评估技术导则（试行）》（HJ 25.5—2018）对工程性能指标没有提出要求，可根据工程特征和实施情况来确定，但是污染物指标的评估应采集四个批次的数据并建议每个季度采样一次。也就是说，对于异位固化/稳定化后的土壤需要放置一年才能进入固体废物填埋场或进行原位回填。考虑到我国目前中心城区的土地开发模式，项目实际工期都比较紧张，异位固化/稳定化后的土壤在回填前很难满足每个季度采样一次的效果评估要求。

（4）地下水修复和风险管控效果与修复极限的问题

根据理论研究与工程实践，地下水修复往往出现修复效果反弹的问题，采用阻隔和水力截获的地下水风险管控措施可能出现污染泄漏或者污染羽扩散等问题，因此何时采样数据方可作为最终效果评估的依据是地下水修复效果评估的难点之一。参考国外经验，地下水修复监测分为修复达标初判阶段和修复效果评估监测阶段，须根据地下水修复达标初判阶段的检测数据来判断地下水修复完成且达到稳定状态时，方可开始修复效果评估采样，地下水稳定状态的判断依据包括地下水流场稳定与污染物浓度稳定达标。

大量修复项目，特别是地下水修复经验表明，虽然一开始修复能使其得到很大程度的改善，但是当修复活动进入拖尾期后，再继续消耗时间和资源都很难使残留污染物去除，土壤和地下水质量往往难以达到相应的标准。这时可在建立与完善场地概念模型的基础上，根据样品检测结果、场地水文地质条件、场地未来开发方案等，表征场地中残留污染物的空间分布、污染物与未来受体的相对位置关系以及未来受体潜在的风险暴露途径，对场地污染物的残留健康风险进行分析预测，从而避免过度修复。另外，一些场地特别是石油泄漏场地修复项目表明，石油烃能够通过吸附、解吸、稀释、挥发及生物降解作用进行自然衰减，从而降低污染羽的迁移，减小对人类健康与环境的威胁。综上所述，鉴于地下水修复在技术和经济上的困难，同时考虑自然降解等作用，美国等国家部分管理部门制定了相应的低风险结案政策，地块治理和修复的目标是使土壤和地下水质量达到对人体健康与环境安全无影响的水平，而完全恢复到背景浓度或者相关质量标准，将依靠污染物的自然衰减作用，如此，既保护了人体健康和环境安全，同时又减少了不必要的经济投入。

《污染地块地下水修复和风险管控技术导则》（HJ 25.6—2019）提出，若未达到评估标准但能判断地下水污染已达到修复极限，可在实施风险管控措施的前提下，对残留污染物进行风险评估。若经风险评估后地块的残留污染物对受体和环境的风险达到可接受水平，则可认为达到修复目标要求。但这时判断残留风险是修复极限导致的，还是工程实施能力不足导致的是一项技术难题。建议进一步结合国际经验和国内实践，细化导则中关于修复极限的描述，明确应采取的补救措施和后期环境监管的具体要求。

目前发布的效果评估技术导则规定了效果评估的原则、方法、程序、判断标准等，但由于我国地块类型广、技术种类多、污染类型杂、二次污染问题突出，这些技术导则在运用过程中的针对性和操作性仍然不足。根据污染地块风险管控和修复发展需要，亟须结合污染类型特征和修复技术的特点，在国家导则的基础上按污染地块类型分别制定典型行业遗留地块的效果评估技术导则，以进行针对性的细化，提高操作性和适宜性。

4.5 小结

由于土壤—地下水系统在构成上的特殊性和污染物迁移转化的途径多样性，污染场地系统的污染具有隐蔽性、滞后性、积累性和不可逆性等特点，对土壤污染前期调查、风险评估、治理修复和效果评估的技术要求很高。本章从污染识别、土壤调查、风险评估、效果评估等咨询服务的四个阶段分别阐述了土壤污染调查实施过程中的技术重点，总结了国内外相关技术的发展趋势，归纳了各项技术应用过程中可能出现的典型问题与解决办法，可供咨询服务单位在项目实施过程中参考。

研究认为，污染识别是土壤环境调查非常重要的前提，本章建立了土壤污染识别应开展的 11 个方面的工作内容，并对工艺分析、污染识别和污染特征分析进行了进一步细化。未来土壤环境调查技术的发展方向应重点在直接调查方法和间接调查方法的统筹和配合使用、土壤环境调查点位确定方法的优化，以及同时开展土壤气体调查监测等方面。风险评估技术的发展需要加强污染物毒性参数本土化取值的研究，推动风险评估导则模型中的参数进行本地化修正，提高污染地块风险评估结果的准确性和针对性。相关效果评估技术导则的发布很好地指导和规范了当前的效果评价技术，未来还需要在效果评估实践过程中不断在方法的科学性、可操作性与经济发展对土地开发利用的需求中间找到最佳平衡点，不断提高效果评估的有效性和可操作性。

5 土壤污染防治先行区探索实践

2016 年《土壤污染防治行动计划》将浙江省台州市、湖北省黄石市、湖南省常德市、广东省韶关市、广西壮族自治区河池市和贵州省铜仁市设为土壤污染综合防治先行区，重点在土壤污染源头预防、风险管控、治理与修复、监管能力建设等方面进行探索。在 3 年的实践中各先行区出台了多个土壤环境管理制度文件，在土壤污染防治模式上开展了新的探索，为其他区域的土壤污染防治建设提供了较好的学习经验。

5.1 政策制度体系建设

《土壤污染防治行动计划》第二十八条明确提出："2016 年年底前，在浙江省台州市、湖北省黄石市、湖南省常德市、广东省韶关市、广西壮族自治区河池市和贵州省铜仁市启动土壤污染综合防治先行区建设，重点在土壤污染源头预防、风险管控、治理与修复、监管能力建设等方面进行探索，力争到 2020 年先行区土壤环境质量得到明显改善。有关地方人民政府要编制先行区建设方案，按程序报环境保护部、财政部备案。京津冀、长三角、珠三角等地区可因地制宜开展先行区建设。”根据上述要求，浙江省台州市、湖北省黄石市、湖南省常德市、广东省韶关市、广西壮族自治区河池市和贵州省铜仁市等6个地级市为国家土壤污染综合防治先行区。

2017年8月，环境保护部会同财政部共同发布的《关于加强土壤污染综合防治先行区建设的指导意见》（环土壤〔2017〕165号），确定了先行区建设16个方面的基本建设条件和8个方面的量化建设指标，成为指导先行区建设的重要指南。先行区是“十三五”期间国家土壤污染防治任务实践的重要试验田，是体现《土壤污染防治行动计划》成效的重要载体和窗口，发挥引领全国土壤污染防治方向和进程的重要作用，做到出模式、出经验、出效果。

2019年7月，生态环境部在浙江省台州市组织召开了全国土壤污染防治经验交流及现场推进会。6个先行区交流了各自在土壤污染防治方面的实践和取得的经验。各先行区都坚持“制度先行”思想，3年实践中各先行区出台的土壤环境管理主要制度文件汇总见表5-1。

表5-1　各先行区出台的土壤环境管理主要制度文件

地级市	文件名称	主要内容和目的
台州	台州市重点行业企业用地土壤环境监督管理办法（试行）	实行部门联动监管，对重点行业企业用地实行全生命周期的管理
	台州市重点行业企业关停搬迁转产污染防治管理办法（试行）	关、停、搬迁、转产活动中污染防治工作流程与职责分工
	台州市土壤环境违法行为举报奖励办法（试行）	鼓励公众参与监督，加大对土壤环境违法行为的打击力度
	台州市污染土壤治理修复类项目实施管理评估办法（试行）	委托第三方技术单位从工程进度、工程质量、污染防治、安全施工等方面，定期进行现场考核与评估，严格落实效果评估管理要求

地级市	文件名称	主要内容和目的
台州	关于加强受污染耕地风险管控工作的意见（试行）	加强受污染耕地的环境管理，提出风险管控的若干措施和要求
	台州市建设用地土壤污染状况调查评审指南（试行）	对台州市土壤环境调查报告的评审程序、评审方法、评审技术要点等内容进行规定
	重点行业企业土壤污染风险管理技术指南	制定中
黄石	关于落实建设用地准入土壤污染防控工作的通知	将建设用地土壤环境管理纳入城市规划和供地管理程序中，土地开发利用必须符合土壤环境质量要求
	黄石市工业企业遗留地块风险管控与治理修复管理办法	明确污染地块全过程的管理要求
	黄石市土壤污染重点监管企业土壤环境管理实施细则	在国家工矿企业土壤环境管理办法的指导下，以重点监管企业为重点，落实国家各项制度要求，以加强对在产企业土壤环境管理
	PCB 行业土壤污染风险管控技术指南	全面规范 PCB 行业各个生产环节土壤污染防治技术措施和管理要求
	黄石市在产企业土壤和地下水自行监测技术指南	规范在产企业土壤和地下水自行监测各项技术要求
	黄石市污染地块风险管控与效果评估技术导则	规范黄石市污染地块风险管控与效果评估各个环节的技术要求和管理要求
常德	污染地块名单及开发利用负面清单	明确污染地块名单制度建立程序，并规范负面清单的主要内容
	建设用地土壤环境管理办法	将建设用地纳入环境管理和城市规划体系中的程序性要求
韶关	韶关市土壤污染综合防治管理暂行办法	全面规范农用地、建设用地等类型污染土壤的全过程管理流程和要求
	韶关市土壤污染防治工作成效考核办法（试行）	规范对相关部门和各区县政府土壤污染防治考核内容、程序和奖惩规定
	韶关市农用地土壤环境联动监管实施细则（试行）	细化并规范农用地土壤联动实施要求

地级市	文件名称	主要内容和目的
韶关	韶关市建设用地土壤环境联动监管实施细则（试行）	细化并规范建设用地土壤联动管理实施要求
铜仁	铜仁市污染地块再开发利用管理工作程序（试行）	规范污染地块再开发利用各个环节的管理程序和管理要求
	关于加强企业拆除活动环境监管工作的通知	规范企业拆除过程中环境监管行为

台州市围绕重点行业企业用地开展制度建设，在环境保护部发布的《企业拆除活动污染防治技术规定（试行）》（环保部公告 2017 年第 78 号）基础上，制定了《台州市重点行业企业关停搬迁转产污染防治管理办法（试行）》，规定了污染防治工作流程、相关部门职能分工，以便通过明确和规范的流程，最大限度地减少企业在关、停、搬迁和转产过程中可能造成的土壤污染。为加强修复类工程项目实施过程中的监管工作，台州市制定了《台州市污染土壤治理修复类项目实施管理评估办法（试行）》，委托第三方技术单位从工程进度、工程质量、污染防治、安全施工等方面定期进行现场考核与评估，通过评估更好地促进台州市内从业单位能够不断改进和提高工程服务质量和咨询质量，提高从业单位技术水平，从而不断提高台州市土壤污染防治成效。针对受污染耕地安全利用这一重点和难点任务，台州市制定的《关于加强受污染耕地风险管控工作的意见（试行）》从实施农用地分类管控、落实风险管控措施、加强产学研合作等方面提出相应细化任务，在落实风险管控措施中，提出污染源头防控、地类规划调整、种植结构调整、农田治理修复、建立预警机制等措施内容，提出在各种安全利用技术不能保证粮食作物（主要是水稻）可食部位污染物达标的前提下，种植结构要调整为非食用经济作物种植模式、花卉苗木种植模式、超富集植物修复种植模式及无土

栽培等多元模式；在安全利用技术能保证农作物食用安全的前提下，经认证或风险评估，可有计划组织种植。

黄石市土壤污染防治制度文件中，《黄石市工业企业遗留地块风险管控与治理修复管理办法》从初步调查、详细调查、风险评估、风险管控、治理修复、效果评估、后期跟踪监管等全过程提出了相应的管理要求。为了切实加强对在产企业土壤环境管理力度，制定了《黄石市土壤污染重点监管企业土壤环境管理实施细则》，将各项管理制度要求进行了细化。印制电路板行业是黄石市涉重的重点和特色的行业，将该行业作为先行先试的行业，从生产过程中识别出来的可能造成土壤污染的各个环节出发，提出了相应的防控技术措施和环境管理要求，从而为提高黄石市印制电路板行业土壤污染防治水平提供技术依据。

除上述制度文件外，部分先行区还制定了工程项目技术规范（表5-2）。

表 5-2　部分先行区制定的工程项目技术规范

地级市名称	地方工程项目技术规范
黄石	农用地土壤日常监测技术规范 农用地土壤替代种植技术规范 农用地土壤钝化修复技术规范 农用地污染土壤安全利用技术指南 农用地土壤污染治理项目验收技术规范
常德	农用地重金属污染土壤植物萃取技术指南 污染土壤修复后评估技术指南
河池	典型重金属污染治理地块风险管控技术指南
铜仁	汞及其化合物工业污染物排放标准（省级标准）

5.2 主要项目的实施

2019 年全国 6 个污染防治先行区启动项目较多。数据库数据显示，工程修复类项目共计 20 个，项目金额为 31 865.28 万元；前期咨询服务类项目启动 15 个，项目金额为 2 095.93 万元；后期效果评估类项目启动 4 个，项目金额为 1 761.91 万元。前期咨询服务类项目以湖北省黄石市项目金额为最大，4 个项目总计为 649 万元。在工程修复类项目和后期效果评估类项目方面，广西壮族自治区河池市项目金额遥遥领先，工程修复类项目总金额为 14 606.09 万元，后期效果评估类项目总金额为 1 458.23 万元（表 5-3、图 5-1）。

表 5-3　2019 年国家 6 个土壤污染防治先行区咨询项目统计

先行区	前期咨询服务类项目		工程修复类项目		后期效果评估类项目	
	项目金额/万元	项目数量/个	项目金额/万元	项目数量/个	项目金额/万元	项目数量/个
浙江台州	334.40	5	0	0	0	0
湖南常德	298.00	1	1 901.44	3	29.68	1
湖北黄石	649.00	4	5 165.74	2（6 个标段）	274.00	2
广东韶关	445.63	2	262.00	1	0	0
广西河池	358.84	2	14 606.09	9	1 458.23	1
贵州铜仁	10.06	1	9 930.01	5	0	0
总计	2 095.93	15	31 865.28	20	1 761.91	4

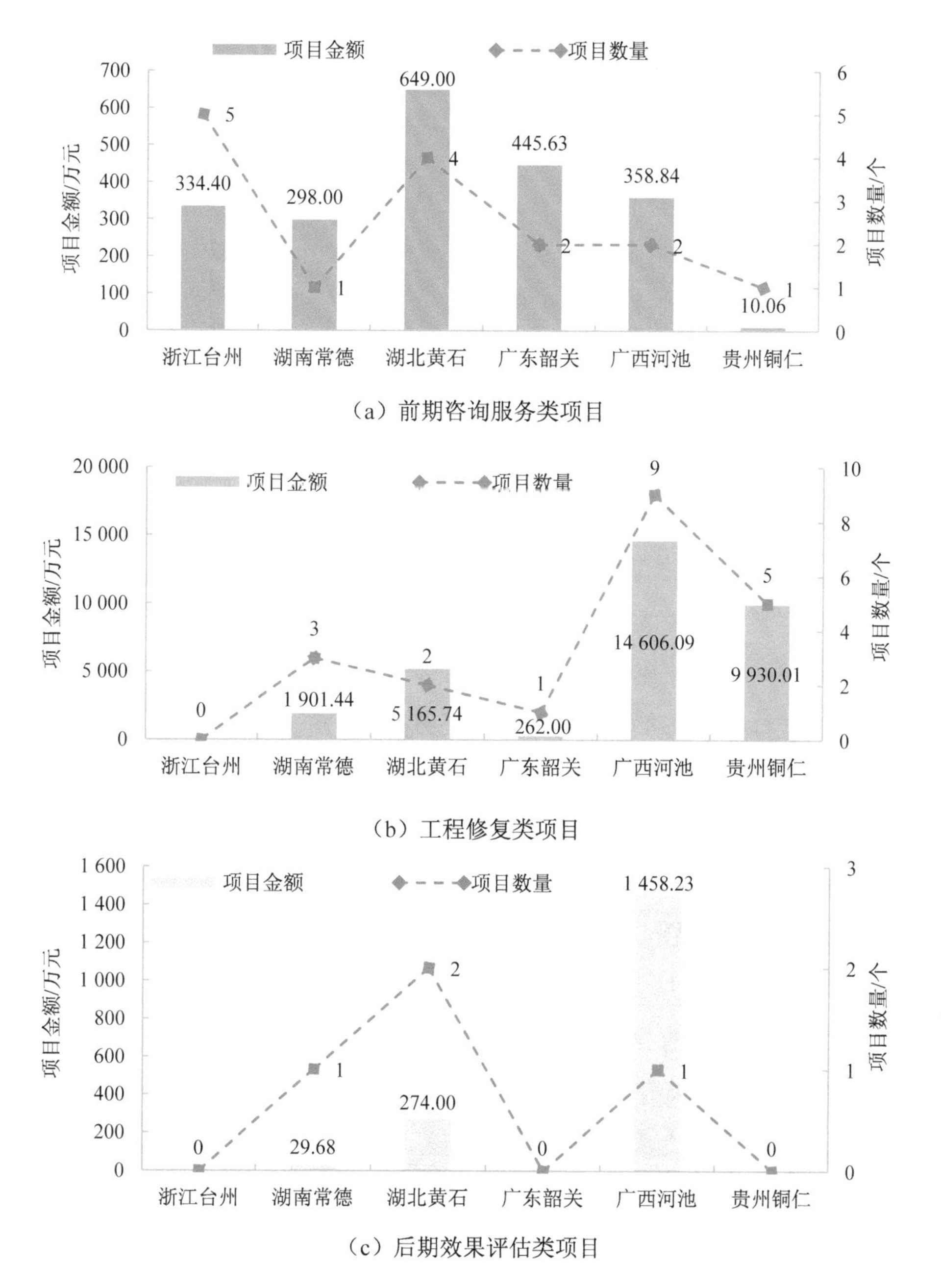

图 5-1　2019 年 6 个土壤污染防治先行区项目金额和项目数量对比

5.3 土壤污染防治模式探索

黄石先行区将土壤污染防治与城市转型发展密切结合起来，依托大冶金湖地区尾矿库环境整治工程，大力探索资源枯竭城市转型与土壤污染防治的有机结合，形成采矿废弃地生态修复与城市生态品质联动提升的“黄石模式”，大力依托湖北新冶钢有限公司东钢厂区污染地块风险管控与修复工程，大力探索不同规划用途区域分别实施不同的风险管控和治理修复技术的棕地开发建设模式。

常德先行区围绕石门县雄黄矿砷污染的突出问题，经过多年工程整治，形成蜈蚣草植物修复与精准扶贫相结合的技术和管理模式，大力改良当地柑橘品种，由低经济价值品种（0.4 元/kg）向高经济价值品种（2.5 元/kg）转型，大大提高了农民经济收益，形成了砷污染土壤整治与精准扶贫相结合的“常德模式”。

韶关先行区在污染农用地上大力引进光伏发电设施，一边开展污染农用地的整治，一边发挥土地价值实施光伏发电，给该地区农民在 2 年时间内带来 400 万元的直接收益；大力建设“粤北韶关土壤环境污染修复技术研发、评估验证与工程示范基地”，引进各类技术研发团队，针对韶关土壤污染问题与特点开展小范围试点示范，完善技术评估方法，探索形成“规模化工程修复的技术体系和治理推广体系”。

河池先行区针对 20 多个砒霜厂遗留地块的典型土壤环境问题，提出以原址刚性填埋集中处置高风险污染土壤为代表的技术路线，探索出了当地高风险污染土壤的安全处置问题。同时在刁江源头的拉么矿区大力实施了区域性土壤污染风险管控工程，组合多种技术方法，开展长期效果评估跟踪和开发风险管控效果量化评估模型工作，形成了典型采矿废弃地风险管控的“河池模式”。

铜仁先行区针对突出的含汞废渣整治、含汞尾矿库整治等突出问题，从汞矿山修复、历史遗留汞矿渣和河道整治入手，连续 3 年大力开展万山、碧江、松桃等 14 个区域的遗留汞矿渣尾矿整治，特别是实施碧江区云场坪镇螃蟹溪历史遗留汞渣综合整治工程项目后，生态环境改善成效较为显著，目前全市 80%左右的含汞废渣得到了安全整治。针对汞污染农田，实施碧江区司前大坝中低污染汞土壤示范项目和万山区熬寨河下溪河流域中高污染汞农田治理修复示范项目，分别采取低累积油菜花种植和种植结构调整（改为食用菌种植基地），全面推行水田改旱田，大力种植黑木耳、香菇和平菇等食用菌种植，以此实现农用地安全利用的目的，构建形成铜仁市重金属污染土壤安全利用+生态产业+生态扶贫的“铜仁模式”。

在工程项目组织管理中，常德市实施第三方机构信用管理考核绩点标准和制度，对土壤调查、项目实施中不规范的公司进行考核绩点扣分，作为该机构信用评价。河池市开展工程施工单位的考核评定工作，目前已经完成了第一批 4 家工程施工单位的考核与通报。各个先行区普遍实施“环境监理+工程监理”的双监理制度，河池市还继续探索在环境调查阶段实施“监理”制度，确保调查工作的准确性和到位性。

5.4 先行区建设经验

总结各先行区 3 年实践的共性特点，形成先行区建设的主要经验。

（1）部门联动和目标责任制的工作机制是推进先行区建设的根本保证

土壤污染防治工作面广、涉及部门多。在各市土壤污染防治工作领导小组的统一领导和指挥下，各部门各司其职，积极沟通配合，有效的工作机制切实保障了先行区建设的有序推进。

（2）先行区建设是系统工程和长期工程，须高度重视顶层设计，并在实践过程中不断修正和完善

各先行区均编制了先行区建设方案并得到当地市政府批复。本着防、控、治的总体思路，将制度建设和土壤环境调查作为基础性、全局性任务对待，坚持“制度先行”，积极贯彻落实国家出台的法律、规章制度，同时结合本地实际，形成具有地方特色的制度办法。各先行区高度重视“模式”研究，从一开始就围绕模式的内涵、特点、内容等开展设计，并在先行区建设进程中不断实践，不断丰富和完善模式内容。各先行区每年坚持年初制订方案，年中调度和年底评估的方式，把握好每个阶段的方向，力争将每个阶段的施工图做实、做细。

（3）大胆先行先试，在探索中出经验

各先行区坚持“试点先行”，如黄石、台州开展的农用地类别划定试点，常德开展的在产企业自行监测试点，各先行区开展的农用地安全利用试点，黄石、铜仁、韶关开展的产学研用试点，各先行区开展的在产行业风险管控试点等，都积累了宝贵的实践经验。各先行区在试点基础上，及时总结经验并归纳为技术与管理文件，为其他地区开展相关工作提供样本。

（4）坚持问题导向，依靠科技实现对关键技术问题的突破，在实践中出模式

模式探索和创新是国家赋予先行区建设的重要使命。各先行区抓住土壤环境问题的突出区域、主要污染物，以工程项目为依托，组织各方力量大力开展工程技术的联合攻关，逐步形成了污染土壤风险管控与治理修复的工程技术模式，为解决当前我国土壤污染防治科技支撑不足的问题提供技术样本。

（5）必须把土壤污染防治和各先行区确立的城市发展战略与资源枯竭城市转型发展、经济社会绿色高质量发展等城市的发展战略充分结合起来，焕发土壤污染防治的生命力和可持续性

土壤污染防治需要较大的投入，同时社会各界对土壤污染防治的重要性和紧迫性认识不足，为此土壤污染防治工作必须将污染土壤的修复与土地价值的开发密切结合，与城市经济社会发展战略密切结合。如黄石探索的尾矿库环境综合整治，就是将土壤污染修复与其潜在的土地资源价值结合起来，转化为可利用的城市土地，为城市可持续发展提供资源，从而焕发土壤治理修复的生命力。先行区建设实践证明，必须坚持以风险可控为前提开展土地价值的重塑，与转型发展和高质量发展各项工作密切融合，使得污染土壤风险管控与治理修复项目有更高的现实意义和丰富内涵。

（6）注重技术、经济、工程、管理的四维统筹性和可推广性

模式创建是一个系统工程，一个完整的模式是以工程项目的实施为载体，并充分融合技术、经济和管理；通过技术实现预期目标，通过经济实现可实施性，通过管理保障项目顺利有序实施。工程、技术、经济和管理四者之间必须不断统筹、磨合、优化、完善，只有模式具有成熟性和可推广性，才能经得起实践的考验。

5.5 小结

国家土壤污染综合防治先行区通过大胆探索和实践，承担着“出模式、出经验、出成效”的责任，是《土壤污染防治行动计划》确定的重要任务之一。本章主要分析了 6 个土壤污染综合防治先行区陆续出台的土壤污染防治制度文件和一些技术规范文件，分析了 2019 年先行区组织实施的主要项目情况，以及各先行区探索出来的土壤污染防治模式，

总结性提出先行区建设的主要经验。

研究认为，地级市开展土壤污染防治管理，应将制度建设作为首要任务，在国家相关管理制度的指导下结合具体情况和需求，开展有针对性的土壤环境管理制度文件的制定和发布，通过制度约束相关责任方并建立土壤环境管理程序。2019 年各先行区进入了加速推进阶段，前期咨询服务类项目金额为 2 095.93 万元，工程修复类项目金额为 31 865.28 万元，后期效果评估类项目金额为 1 761.91 万元。本章总结提出的先行区建设模式具有较为丰富的内涵，包括管理、技术、工程、经济等诸多方面，各地可从本地实际情况出发，不断总结和形成各具特色的土壤污染防治模式，本章总结的先行区建设主要经验可为其他区域推动土壤污染防治提供借鉴。

6 土壤修复咨询服务业发展问题与“瓶颈”问题

2019 年土壤修复咨询服务业随着我国产业市场需求的不断释放得到了快速发展，但由于政策制度体系仍不完善、市场低水平竞争等，土壤修复咨询业发展中出现了一些问题。本章重点分析当前土壤修复咨询服务业发展中的主要问题。

6.1 从业门槛低造成从业机构技术水平良莠不齐

“十三五”以来，国家高度重视土壤污染防治，近年来转型开展土壤污染防治工作的单位数量快速增加，不少环保类的国企、央企也在拓展土壤治理修复业务。事实上，支撑土壤治理修复管理、咨询服务和工程实施需要多学科的专业背景、知识和技能，但是当前我国咨询服务从业单位门槛低，从业单位多而小，总体从业水平较低。从各省份公布的省级土壤治理修复专家库的组成和结构来看，专业从业时间不够长是普遍问题。对比 2019 年 12 月生态环境部会同自然资源部发布的《指南》与其征求意见稿中关于评审专家组组长的描述可以看出，评审专家应具备的条件从征求意见稿的 5 年修改为发布稿的 3 年，发布稿中专家组长的要求是“原则上应有建设用地土壤污染风险评估从业经验”，取消了征求意见稿中提出的 3 年及以上的要求。目前我国土壤修复从业单位和人员数量总量不少，但从业经验超过 5 年的人才和专家数量非常有限。人才队伍的培养缺乏总体设计，商业化的短期培训效果不佳；获取工程实践经验的渠道和途径非常有限。人才队伍短缺已经成为制约行业发展的重要“瓶颈”问题。

与此同时，招投标过程中的乱象较多，设置一些明显与项目需求和技术能力无关的得分条件，如将获得环境管理体系认证和职业安全健康管理体系认证作为得分条件，项目负责人必须要求具备环境影响评价工程师资格，价格因素的评分比重偏高，有的达到总分值的 30%，甚至更高，一些调查类项目将是否具有 CMA 资质作为投标报名的门槛条件，或者在评分条件中将 CMA 资质设置成较高分数，这些都是明显不合理的。近期原重庆钢铁厂焦化地块治理修复工程施工招标项目引起业内广泛关注，招标过程中质疑不断，招标文件不断澄清，最后以地块发生规划调整为由终止了该招标活动。招标过程中的上述乱象需要各级管理部门的关注和重视，尤其是一些国家土壤污染治理修复和风险管控示范项目，相关管理部门可对招标文件设置的合理性进行必要的复核，以确保招投标的公平性、公正性。

6.2 现有技术规范不适应土壤环境调查新技术的发展

总体来看，现有与土壤修复咨询服务相关的技术导则、指南等不能很好体现对新方法、新设备、新仪器使用的鼓励和导向作用。《建设用地土壤污染状况调查技术导则》主要体现的是钻孔采样的方法，但现实中一些大型复杂场地往往需要借助于各种间接的土壤污染状况调查方法，首先开展定性分析和判断，然后再聚焦主要问题区域进一步开展钻孔采样和实验室的定量方法。目前国家和各省、市级层面的土壤污染状况调查技术导则中都没有体现此类方法，间接采样技术和设备在我国发展较慢，这与技术导则未提出此类方法有很大关系，长期来看，不利于多元化调查技术体系的发展。《污染地块风险管控与土壤修复效果评估技术导则》仍没有给精细化风险评估技术方法的发展和应用留出“口子”，造成了精细化风险评估长期以来停留在科研层面上，难以在实践中开展更多的验证。新技术、新设备缺乏现有政策制度的驱动，土壤污染防治国家试点项目的管理导向是要稳、不能出问题，所以就采取了按部就班照搬现有导则的方法。上述因素都造成了新技术、新设备的实践推动缓慢，调查和风险评估技术含量低，总体处于保守状态，创新性较差。

实施方案的重要性受到忽略。主要表现在：①土壤修复实施方案在土壤修复全过程技术文件中的定位和作用不清，实施方案和初步设计之间的边界和关系不清，编制深度没有确切到位的规范性要求。②实施方案编制的重要性得不到制度上的支持。《土壤污染防治法》提出实施方案的编制和审核由项目业主单位自行组织，不需要管理部门组织评审，实施方案成果报告报地市级生态环境部门备案即可。该项内容降低了对实施方案编制质量的要求。项目业主很难真正从质量和深度上进行把控，尤其是开发利用迫切的业主单位，更是希望加快进度尽快进入施工阶段，对很多问题在实施方案编制阶段进行模糊处理，而使问题留给了工程施工阶段，造成了实施过程中工程变更较为频繁的现状，工程施工方作为“兜底”单位承担了很多风险，也给效果评估增加了技术难度。与此同时，效果评估与竣工验收的关系和定位不甚清晰，导致目前各地管理部门将工程监理和环境监理工作质量的评判都交给效果评估进行“兜底”，违背了效果评估的初衷和目的。

6.3 咨询服务的核心价值得不到足够认可

从事污染土壤调查评估缺乏指导价格，实际工作中项目价格差异非常大。据不完全统计，根据场地复杂程度及工作深度不同，目前前期咨询服务类项目的服务价格大致在 4 000～12 000 元/亩不等，跨度较大。部分项目低价中标诱导低价的形成，导致业主单位抓住从业单位多和竞争激烈的特点不断压低价格，形成恶性循环，破坏部分地区价格和工程质量之间的平衡。目前，普遍认为土壤环境调查评估没有太多的技术含量，扣除土壤采样分析检测、水文地质勘查等硬性支出后，调查单位开展产污分析、点位布设、数据分析、原因分析和报告编制的费用占项目总经费的比例往往不到 25%～40%，咨询服务的重要性和价值得不到足够认可。一些调查报告的深度还停留在对调查数据与标准对比的超标状况分析和污染信息空间绘制上，对布点方案、数据分析、污染成因分析、污染趋势分析等技术性和经验性要求非常高的内容在报告中得不到充分体现，不利于我国土壤修复咨询服务业的发展。长此以往，人们越发不重视报告技术水平的提升，而是将精力放在评审中如何找到适宜的评审专家以确保“通过”评审。

与此同时，我国土壤环境管理和工程项目管理开展时间较短，很多业主缺乏环境保护专业背景，特别是对土壤污染不确定性特点和工程实施系统性特点的认识不足，对土壤修复咨询服务和工程项目实施简单要求为价格要低、周期要短、风险要小。从 2019 年招投标情况来看，大多数调查评估和方案编制项目的服务期为 3 个月左右。由此造成的后果，一方面是项目匆忙完成招投标后，工程实施条件发生变化、工程量和工程范围发生调整、不同单位之间沟通衔接不畅等问题不断发生，工程项目各种变更比较普遍；另一方面是忽略土壤污染调查工作本身的特点和不确定性，尤其是一些面积较大、污染较为复杂、历史资料缺乏的地块项目，调查技术难度加大，更需要在服务工期上给予充分的保障。一些复杂地块的地下水较为复杂，更应该在枯水、丰水、平水等不同时期开展地下水调查。前期调查得越全面和深入，对工程实施越会发挥重要的支撑作用。但目前普遍存在服务周期紧张的问题，修复工程实施的不确定性风险进一步加大，给后续土壤环境安全利用监管者、修复从业机构和个人造成的风险越来越大。这既不符合土壤修复本身的特点，也不利于我国修复产业的健康发展。业主单位普遍对土壤修复缺乏清晰和正确认识成为目前土壤修复咨询服务和工程项目推进出现各种困难的重要原因之一。

6.4 传统工程项目组织实施模式不能适应新要求

从污染防治角度出发，我国土壤污染防治项目划分为调查评估阶段、方案编制阶段、施工阶段、效果评估阶段，不同阶段分别开展招投标，强调前端调查评估单位与后续效果评估单位应由不同单位承担。这种分阶段的组织实施方式和前后端由不同单位实施的要求看似合理、有序，但事实上与土壤污染防治项目实施的现实需求有不相适应的地方，组织管理模式单一，缺乏系统化和整体化设计的管理思维，体现不出咨询服务价值，可能会造成过度调查、过度修复和高投入等问题。

土壤环境污染的核心特点是不均匀性和隐蔽性，决定了土壤环境调查评估、方案编制与后期效果评估之间的关联性非常强，人为划分为各个阶段，并由不同单位实施是传统工程项目的特点，不一定能适应土壤污染的特点。前端调查阶段，调查者或者管理部门希望调查越细越好，不关心或者不关注如何与土壤修复工程更好衔接，一味强调调查到底，忽略了土壤环境调查是为土壤修复工程服务的这一初衷和根本目的。土壤修复工程实施方也希望调查结论是“高污染、深污染”，这样土壤修复工程公司才有可能获得更高的利润空间。《污染地块风险管控与土壤修复效果评估技术导则》的核心思想，是通过不断深化的污染场地概念模型指导效果评估的采样布点，但现实中强调调查评估与效果评估要由不同单位承担，客观上造成了效果评估单位对该场地的特点不是很熟悉，很难在污染模型的深化和修正上下功夫，而是直接套用导则中对布点的要求机械执行。

美国等发达国家的污染场地尤其是大型污染场地主要采用的是全过程咨询服务方式，聘请专业性咨询服务公司代表业主更好地将前期调查评估、工程实施和后期跟踪监测与管理作为一个整体进行谋划和设计，尽量在技术、经济和工程周期等三要素中找到最佳结合点。美国的做法虽然有其特定国情和管理习惯，但这种系统化、一体化管理思路与土壤污染特点更加契合，不仅可以全程把控质量和节省资金，还可以有效地培育出咨询服务领域里既大又强的从业单位，还能充分体现出修复咨询服务的价值和贡献。

《关于构建现代环境治理体系的指导意见》明确提出鼓励采用“环境修复+开发建设”模式。该模式的核心是解决治理修复资金来源的问题，将污染土壤治理修复后恢复的土地价值与治理修复的投入挂钩，以土地价值的收益弥补前期治理修复的投入，这对污染地块治理修复产业可持续发展和高质量发展具有重要意义。我国现有污染土壤环境管理政策主要是从污染防治角度提出的，很难考虑产业发展和落地执行过程中的现实情况和灵活需要，不同部门出台的政策也有不协调甚至矛盾的问题。一些地方对污染土壤环境管理的要求提出必须“净地出让”，若仅仅从污染防治角度考虑，这必然是有利的，但现实中却直接造成了“环境修复+开发建设”模式难以实施。国土资源部在 2017 年制定的《土地储备管理办法》（国土资规〔2017〕17 号）中规定：“入库储备标准为：储备土地必须符合土地利用总体规划和城乡规划。存在污染、文物遗存、矿产压覆、洪涝隐患、地质灾害风险等情况的土地，在按照有关规定由相关单位完成核查、评估和治理之前，不得入库储备。”根据上述要求，污染地块必须完成治理后才能入库储备，才有后续进一步开展土地流转和挂牌出让销售的可能性，人为将治理修复阶段和土地流转销售阶段划分为前后两个阶段，难以实现“环境修复+开发建设”模式所要体现用开发建设收入反哺环境修复所需投入的思路。

目前，土壤修复是其产业链上的一个环节，项目单一，规模很小，不能很好地与区域土地规划、区域土壤开发建设、区域生态环境整治等构成一个有机整体，就事论事地做土壤环境调查和修复，其市场小、影响力小。

6.5 小结

本章主要分析了当前土壤修复咨询服务业发展中存在的主要问题，包括从业门槛低造成从业机构技术水平良莠不齐、现有技术规范不利于调查新技术的发展、调查服务的核心价值得不到足够认可，以及传统工程项目组织实施模式不能适应新要求等四个主要方面，这些问题既有我国环保产业发展中的通病，也有土壤修复咨询特有的问题。供各级管理部门和管理者在土壤环境管理和决策过程中参考。

7 政策建议与展望

针对前文分析的土壤修复咨询服务业发展中存在的问题，结合《土壤污染防治行动计划》提出的“十四五”土壤污染防治目标和我国建设土壤环境“四梁八柱”管理体系的需要，本章提出了近期完善土壤环境管理的若干政策建议，供各级管理部门和决策者参考。

7.1 政策建议

土壤污染问题已经成为亟须解决的重大环境问题和全面建成小康社会的突出问题。土壤污染防治作为重大环境保护和民生工程，已经纳入国家环境治理体系。土壤修复业虽然在我国起步较晚，但随着《土壤污染防治行动计划》《土壤污染防治法》等国家顶层设计文件的实施，实现包括土壤修复咨询服务在内的土壤修复行业健康良性发展已成为全社会的共同需要。结合目前行业发展中存在的主要问题，提出如下政策建议。

（1）积极推动业主单位对土壤修复的认识更加理性

土壤修复业若要健康持续发展，首先的改变应来自业主单位。

高度重视业主单位对修复产业发展的重要影响。业主单位对我国土壤污染防治法规和技术标准、土壤污染特点、工程项目实施不同于其他类型项目实施的特点等问题应有一个正确认识，充分尊重土壤污染风险管控与修复工程项目实施的规律，在合同金额、资金拨付时间、工程建设周期、不可预见情况发生后的资金供给等方面给予合理和充分保障，科学合理地认识土壤修复本身的需求，为咨询服务和工程项目营造一个良好的外部环境。只有这样，包括土壤修复咨询服务在内的土壤修复行业才能具备健康良性发展的根本环境和根本前提。

建议各级生态环境管理部门积极组织面向业主单位的培训交流活动。编制专门针对土壤修复业主单位的知识读本，通过对土壤污染防治特点、修复工程技术、修复工程项目案例分析等内容学习，提高各级各类业主单位对土壤污染防治的认识，进而深化其对土壤修复项目的组织管理和产业发展的认识。

（2）积极推动土壤污染修复市场环境更加规范有序、公开透明

《关于构建现代环境治理体系的指导意见》提出“规范市场秩序，减少恶性竞争，防止恶意低价中标，加快形成公开透明、规范有序的环境治理市场环境”。

委托社会团体积极开展工程招投标市场的规范管理。可委托中国环境保护产业协会等组织重点加强招投标重点环节的规范管理，并对明显低价中标、招标条件设置明显不合理的典型案例进行公开曝光。鼓励提高招投标过程中对类似项目从业业绩的权重分数；尽量减少专家的主观评判，对标的金额较高的项目鼓励采取面对面答辩方式；地方生态环境部门纪检干部对答辩过程进行全程监督。

鼓励社会团体发挥更大的作用。重点在行业自律、人才培养、标准制定、价格规范，以及承担业主单位与土壤修复从业单位之间的桥梁等 5 个方面发挥更大作用。鼓励社会组织开展土壤修复咨询服务、修复工程实施、工程设计等方面专业培训教材的编制，按照土壤修复“大学”进行人才培训的思路系统开展土壤修复各类专业人员的社会化培训。鼓励社会团体组织开展土壤环境调查、分析监测、地质勘查、方案编制、小试中试、效果评估等不同咨询服务活动收费价格的研究，制定指导价格。

加大技术服务报告质量的抽查管理。委托相关单位对土壤环境管理信息系统上的相关技术报告进行重点抽查，尤其是抽查初步调查报告和效果评估报告的质量。对编制质量低下的报告，及时在相关网站上进行公开曝光。督促各级生态环境部门加快落实 2019 年各类技术报告评审通过情况的信息公开。

加大对土壤污染防治信息公开的依法管理力度。信息公开和方便查询与统计是促进行业健康发展的重要基础。建议加强对全国土壤环境信息依法公开的进一步规范，按照《土壤污染防治法》提出的信息公开要求（表 7-1）督促加快落实。建议在生态环境部网站上形成每年全国建设用地风险管控与土壤修复汇总名单；各省级生态环境部门应在每年年底经汇总后公布疑似污染地块名单、污染地块名录、各地级市重点监管企业名单和省级层面上的监管企业名单。

表 7-1　土壤污染防治相关法律法规中对环境信息公开的要求汇总

依据	主要要求
《土壤污染防治法》第二十一条	设区的市级以上地方人民政府生态环境主管部门制定本行政区域土壤污染重点监管单位名录，向社会公开并适时更新

依据	主要要求
《土壤污染防治法》第五十八条	建设用地土壤污染风险管控和修复名录由省级人民政府生态环境主管部门会同自然资源等主管部门制定，按照规定向社会公开，并适时更新
《土壤污染防治法》第七十六条	省级以上人民政府生态环境主管部门应当会同有关部门对土壤污染问题突出、防治工作不力、群众反映强烈的地区，约谈设区的市级以上地方人民政府及其有关部门主要负责人，约谈整改情况应当向社会公开
《土壤污染防治法》第八十条	对从业单位和个人的执业情况，纳入信用系统建立信用记录，将违法信息记入社会诚信档案，并纳入全国信用信息共享平台和国家企业信用信息公示系统向社会公布
《土壤污染防治法》第八十一条	生态环境主管部门和其他负有土壤污染防治监督管理职责的部门应当依法公开土壤污染状况和防治信息
《土壤污染防治行动计划》第十八条	各地确定土壤环境重点监管企业名单，实行动态更新，并向社会公布。列入名单的企业每年要自行对其用地进行土壤环境监测，结果向社会公开
《土壤污染防治行动计划》第二十三条	责任单位要委托第三方机构对治理与修复效果进行评估，结果向社会公开
《土壤污染防治行动计划》第二十四条	各省（区、市）要委托第三方机构对本行政区域各县（市、区）土壤污染治理与修复成效进行综合评估，结果向社会公开
《土壤污染防治行动计划》第三十条	根据土壤环境质量监测和调查结果，适时发布全国土壤环境状况。各省（区、市）人民政府定期公布本行政区域各地级市（州、盟）土壤环境状况。重点行业企业要依据有关规定，向社会公开其产生的污染物名称、排放方式、排放浓度、排放总量，以及污染防治设施建设和运行情况

（3）创新土壤治理修复的咨询服务和投融资模式

模式创新对行业发展具有根本性、深远性意义。当前我国土壤修复咨询服务业面临模式缺乏的根本问题，创新驱动难以体现。未来各方应更加注重模式创新。

明确鼓励大型污染场地积极探索以规划编制为龙头的全过程咨询服务模式。大型污染场地风险管控和修复对咨询服务提出了更高要求和挑战，需要在综合性、协调性、可操作性和经济性等方面加以统筹。未来大型污染地块的修复应首先从规划入手，对地块污染特点、修复策略设计、技术比选、土石方平衡、开发时序等问题开展总体性研究，编制治理修复总体规划，然后在总体规划的指导下，根据开发时序再有序开展各个子地块的详细调查和治理修复。鼓励业主单位采取新的服务模式，引进综合咨询服务能力较强、社会声誉较好的单位代表业主开展项目全过程管家式服务，将除工程实施以外的其他服务内容交给项目总管家，由总管家进行项目组织实施的设计，对承担分项任务的单位进行技术指导和技术把关。

扫清现有政策障碍，积极为“环境修复+开发建设”模式实施创造条件。将当前制约该模式发挥的一些政策“瓶颈”因素进行修改和调整，如目前一些管理部门提出的必须“净地出让”的要求；明确分阶段效果评估要求；考虑地下水修复和跟踪监测的客观周期较长，对土壤和地下水一体化修复的污染地块退出省级风险管控和修复名录的具体要求做细化规定。加强修复工程设计咨询服务和开发建设规划设计、建筑设计咨询服务之间的联系互动；将修复工程实施与区域土地规划发展密切结合，形成新的投资模式和盈利模式，大力吸引社会资本的投入。积极组织开展区域性污染土壤集中处置中心建设的可行性研究。

（4）加强对土壤咨询服务中突出技术与管理问题的研究

我国土壤修复相关的管理制度体系和技术标准体系不断完善，但在实践工程中仍存在形形色色的问题。

增强制度和技术要求在执行过程中的弹性和灵活性。不断跟踪和研究现实过程中出现的主要问题，政策制度设计过程中还要兼顾操作和执行过程中的灵活性和弹性，赋予省级生态环境部门解决现实问题的弹性管理权，积极鼓励各地大胆实践，通过多方协商共同推动问题解决。

强化土壤环境调查目标导向下的调查行为。土壤环境调查中，应明确鼓励根据污染识别结果采用经验判断法进行布点，除查明污染情况为目的的布点外，还要加强以划明污染边界为目的的布点。在土壤调查深度和调查精度的把握上要引导以更好支撑后续土壤环境风险管控或修复工程实施为目的，而不是为了调查而盲目、不惜代价地开展。

面对土壤环境调查的不确定性特点，应以客观态度和积极推动项目继续实施为目的，避免过分纠缠在责任追究上。若完成了土壤环境调查报告、风险评估报告的编制和专家评审，后续工程实施过程中发现了前面程序未发现的污染物或污染区域，在对前期程序进行客观公正分析后，不要一味停留在追求调查者的责任上，而更多的应是面对新调查出来的污染物或者污染区域，在工程实施过程中加强新污染物与过去发现污染物的管理衔接、补充必要的技术方案，积极推动工程项目不断实施。

赋予项目业主自行确定工程设计的组织权和相应的成果管理权。对目前讨论较多的修复工程实施方案与工程设计之间如何定位和衔接的问题，建议在国家和省级层面上明确提出具有弹性的管理规定，即是否将开展工程设计工作交由项目业主单位根据项目具体需求自行确定，对于大型复杂场地，鼓励项目业主单位开展充分咨询后再确定。工程设计成果和项目实施方案的管理要一致，均交由项目业主单位组织评审，报地方生态环境部门备案。鼓励项目业主单位积极组织开展小试和中试，加强中试环节相关程序和技术要求的编制工作，以使中试工作有章可循。

明确分阶段效果评估且达到相应标准后的局部区域可以进行土地的开发利用。进一步解决现实中采取污染土壤清挖并进行异位修复的基坑，达到风险管控或者修复目标后是否可以进行开发利用的现实突出问题。《土壤污染防治法》规定，“未达到土壤污染风险评估报告确定的风险管控、修复目标的建设用地地块，禁止开工建设任何与风险管控、修复无关的项目”，根据该要求，若一个污染地块内的部分区域采取了污染土壤清挖并原位异地进行污染土壤的处置，开挖后基坑经效果评估单位确认达到了土壤污染风险评估报告确定的风险管控、修复目标，且项目业主明确保证开挖后的污染土壤能在规定时间内完成安全处置，这种情况下应该允许部分区域进行后续开发利用，而不必等到整个地块全部完成效果评估后再进行后续的土地开发利用。

对《土壤污染防治行动计划》提出的“治理与修复工程原则上在原址进行”的策略进行再思考。污染土壤原位修复或者异位修复策略的选择应是具体工程项目结合各自工程实施条件、周边设施条件等具体分析后做出具体比选，异位修复和原位修复一样，是污染土壤风险管控或者修复的有效方法。国家层面上不宜强行提出“原则上在原址进行”的要求，而是应给地方实践操作留出可选择的空间，鼓励具体项目结合具体情况在充分比选后做出选择。

加强土壤污染防治应急管理和技术标准体系的建设。结合本次新冠肺炎疫情突发生态环境应急体系建设的思考，建议高度重视突发土壤环境污染应急处置能力建设，包括现场应急调查的设备仪器、现场人员防护装备、现场应急监测设备等各种装备的应急储备，同时建设专业化的应急处置技术队伍和专家指导队伍，定期组织应急能力和技能培训，将应急能力建设作为一项重要任务抓紧落实。

（5）加大《土壤污染防治法》重点内容的监督执法

开展“一名单二名录”制度落实情况的专项调查。“一名单二名录”制度是我国特有的土壤环境管理制度，对促进土壤修复咨询服务和土壤修复行业发展具有重要作用。建议各省、市对制度要求的落实程度开展专项调查，重点对名单和名录的完整性、全面程度、及时性、信息公开的规范性等进行调查，重点关注疑似污染地块是否及时启动了土壤环境初步调查等程序性工作。通过严肃制度落实，进一步释放土壤修复业的市场发展空间。

开展《土壤污染防治法》执行情况的监督执法。《土壤污染防治法》中确定了若干法律责任，对土壤环境监管方、生产企业、污染方、修复从业单位等均提出了不履行相应法律责任后的处罚措施。建议尽快组织开展土壤污染防治监督执法活动，对《土壤污染防治法》提出的法律责任落实情况进行检查。既可以掌握目前法律实施中的问题，也可以为“十四五”土壤污染防治方向和重点任务奠定基础，并为土壤修复行业持续发展提供动力。

7.2 “十四五”展望

2016 年《土壤污染防治行动计划》出台后，曾有分析认为我国土壤污染防治市场空间为每年千亿级水平，也有分析认为我国的市场空间水平为 500 亿～800 亿元/年，众说纷纭。事实上我国土壤污染防治市场规模一定与相应时期的土壤污染防治阶段特点、土壤污染特点和土壤治理修复的驱动力是相匹配的，脱离这些因素的分析谈市场规模是没有根基的。

根据《土壤污染防治行动计划》，“十三五”期间我国土壤污染防治的要求是，摸清土壤环境家底，建立土壤环境管理框架制度体系、探索土壤风险管控与修复技术和工程项目的组织实施，同时大力遏制重大事故发生，总体定位是“打基础、保底线”，“通过实施一批工程，推动风险管控目标的实现”。进入“十四五”的未来五年，我国土壤污染防治将重点放在风险管控和修复工程实践上，对“十三五”排查出来的一批污染地块、污染农用地开展更大规模的工程活动，预测“十四五”时期土壤污染环境管理的重点是不断提高多部门联动防控管理能力，更多探索与总结污染耕地安全利用、污染地块修复与风险管控成熟适用的工程技术，不断丰富技术体系和管理制度体系，提高信息化管理水平，以及探索污染地块治理修复商业模式等。

“十四五”时期我国土壤污染防治持续的政策驱动力主要表现在以下几个方面。

（1）环境与经济高质量发展的时代特征将转化为行业发展的重要驱动

“十四五”时期随着经济社会高质量绿色发展的不断深入，产业结构和产业空间结构将持续调整，还会出现一大批腾退出来的污染地块。区域生态环境综合整治的需求在“绿水青山就是金山银山”理念和生态文明建设的时代特征下将会不断涌现。

（2）土壤污染防治是土壤污染治理体系和治理能力现代化建设的长期需求

《关于构建现代环境治理体系的指导意见》中提出构建“党委领导、政府主导、企业主体、社会组织和公众共同参与的现代环境治理体系”。根据该要求，具体到土壤污染防治领域，应进一步落实污染产生者或者土地使用人的法律责任，以及社会组织和公众的关注与诉求等，将其化为土壤污染防治的正能量，推动土壤污染防治产业的持续发展。

（3）“十四五”时期风险防控的特征更加明显、需求更加迫切

“十四五”时期我国生态环境保护将会把生态环境风险防控放在更加突出的重要位置，各种生态环境潜在风险的预防、治理和应急预案将更加受到重视。污染土壤风险防控是生态环境风险防控的重要组成内容，“十四五”时期生态环境保护的阶段性特点和总体形势决定了“十四五”时期必将实现更高水平的污染土壤风险管控率等核心目标，由此继续催生出若干工程项目，以支撑更高目标的实现。

（4）土壤环境监督执法力度的加强将创造新的市场容量

《土壤污染防治法》明确规定了不同责任主体应承担的相应法律责任。相信 2020 年和“十四五”时期，我国将会开展土壤污染防治方面的专项执法检查并逐步纳入日常监督执法过程中，通过纠正违法行为创造新的市场需求。

（5）“十四五”时期土壤污染防治规划（计划）的制定与实施

“十四五”时期土壤污染防治规划（计划）将进一步提出污染地块安全利用率、重点地块土壤环境调查率、未开发利用地块风险管控率、在产企业土壤环境管理政策执行率等相关指标要求，不断规范我国土壤修复产业包括土壤修复咨询服务业的市场。

附 录

附录 1

2019 年发布的土壤环境全过程管理的技术性文件汇总

序号	调查评估、方案编制和效果评估技术导则、指南	类别	发布/实施时间
1	《地块土壤和地下水中挥发性有机物采样技术导则》（HJ 1019—2019）	国家	2019 年 9 月 1 日起实施
2	《建设用地土壤污染状况调查技术导则》（HJ 25.1—2019）	国家	2019 年 12 月 5 日起实施
3	《建设用地土壤污染风险管控和修复监测技术导则》（HJ 25.2—2019）	国家	2019 年 12 月 5 日起实施
4	《建设用地土壤污染风险评估技术导则》（HJ 25.3—2019）	国家	2019 年 12 月 5 日起实施
5	《建设用地土壤修复技术导则》（HJ 25.4—2019）	国家	2019 年 12 月 5 日起实施
6	《污染地块风险管控与土壤修复效果评估技术导则（试行）》（HJ 25.5—2018）	国家	2018 年 12 月 29 日起实施

序号	调查评估、方案编制和效果评估技术导则、指南	类别	发布/实施时间
7	《污染地块地下水修复和风险管控技术导则》（HJ 25.6—2019）	国家	2019年6月18日起实施
8	《受污染耕地治理与修复导则》（NY/T 3499—2019）	国家	2019年11月1日起实施
9	《建设用地土壤污染风险管控和修复术语》（HJ 682—2019）	国家	2019年12月5日起实施
10	《加油站场地环境调查技术指南（征求意见稿）》	江苏省	2019年8月28日征求意见
11	《石油类污染场地勘查与修复技术规范》（DBJ61/T 120—2016）	陕西省	2017年3月1日起实施
12	《铬盐污染场地处理方法》（HG/T 5541—2019）	化工行业标准	2020年4月1日起实施
13	《镍铬盐污染场地处理方法》（HG/T 5542—2019）	化工行业标准	2020年4月1日起实施
14	《农用地土壤污染风险评估技术指南》（T/EERT 001—2019）	浙江省生态与环境修复技术协会团体标准	2019年6月1日起实施
15	《上海市建设用地地块土壤污染调查评估、风险管控和修复工作指南（试行）》（沪环土〔2019〕144号）	上海	2019年6月24日印发
16	《广州市农用地转为建设用地土壤污染状况调查工作技术指引（试行）》（穗环〔2019〕130号）	广州市	2019年12月6日印发
	风险标准		
17	《江西省土壤环境质量建设用地土壤污染风险管控标准（试行）（征求意见稿）》：新增47项指标	江西	2019年12月25日征求意见
18	《深圳市建设用地土壤污染风险筛选值和管制值标准（试行）（征求意见稿）》及编制说明	深圳	2019年7月10日征求意见

序号	调查评估、方案编制和效果评估技术导则、指南	类别	发布/实施时间
土壤环境背景标准/水环境本底值			
19	《深圳市土壤环境背景值（试行）》征求意见稿及编制说明	深圳	2019 年 7 月 10 日 征求意见
地下水污染调查评估			
20	《地下水污染源防渗技术指南（试行）》（征求意见稿）	国家	2019 年 12 月 3 日 征求意见
21	《废弃井封井回填技术指南（试行）》（征求意见稿）	国家	2019 年 12 月 3 日 征求意见
22	《加油站地下水污染防治技术指南（试行）》	国家	2017 年 3 月 29 日印发
23	《地下水环境状况调查评价工作指南》	国家	2019 年 9 月 29 日印发
24	《地下水污染防治分区划分工作指南》	国家	2019 年 9 月 29 日印发
25	《地下水污染健康风险评估工作指南》	国家	2019 年 9 月 29 日印发
26	《地下水污染模拟预测评估工作指南》	国家	2019 年 9 月 29 日印发
27	《地下水污染场地清单公布技术要求》	国家	2019 年 3 月 28 日印发
28	《地下水污染防治分区划分技术要求》	国家	2019 年 3 月 28 日印发
29	《加油站防渗改造核查要求》	国家	2019 年 3 月 28 日印发
30	《地下水污染防治实施方案》	国家	2019 年 3 月 28 日印发
岩土工程勘查			
31	《污染场地岩土工程勘查标准》（HG/T 20717—2019）	化工行业标准	2019 年 12 月 24 发布， 2020 年 7 月 1 日起实施
环境监理类			
32	《污染地块修复工程环境监理规范（征求意见稿）》及编制说明	江苏	2019 年 12 月 9 日 征求意见
修复工程技术规范类			
33	《原位热脱附修复工程技术规范》	国家	未获取文本

序号	调查评估、方案编制和效果评估技术导则、指南	类别	发布/实施时间
34	《异位热解吸技术修复污染土壤工程技术规范（征求意见稿）》及编制说明	国家	2019年7月15日征求意见
	修复用材料		
35	《合成水滑石吸附剂》（HG/T5549—2019）	化工行业标准	2020年7月1日起实施
36	《土壤修复用过氧化氢》（HG/T5553—2019）	化工行业标准	2020年7月1日起实施
	土壤环境监测网络		
37	《国家土壤环境监测网农产品产地土壤环境监测工作方案（试行）》（农办科〔2018〕19号）	国家	2018年11月1日印发
	土壤环境分析检测方法标准		
38	《土壤和沉积物　铜、锌、铅、镍、铬的测定　火焰原子吸收分光光度法》（HJ 491—2019）	国家	2019年9月1日起实施
39	《土壤和沉积物　石油烃（C_6～C_9）的测定　吹扫捕集气相色谱法》（HJ 1020—2019）	国家	2019年9月1日起实施
40	《土壤和沉积物　石油烃（C_{10}～C_{40}）的测定　气相色谱法》（HJ 1021—2019）	国家	2019年9月1日起实施
41	《土壤和沉积物　苯氧羧酸类农药的测定　高效液相色谱法》（HJ 1022—2019）	国家	2019年9月1日起实施
42	《土壤和沉积物　有机磷类和拟除虫菊酯类等47种农药的测定　高效液相色谱法》（HJ 1023—2019）	国家	2019年9月1日起实施
43	《固体废物　热灼减率的测定　重量法》（HJ 1024—2019）	国家	2019年9月1日起实施
44	《固体废物　氨基甲酸酯类农药的测定　柱后衍生-高效液相色谱法》（HJ 1025—2019）	国家	2019年9月1日起实施
45	《固体废物　氨基甲酸酯类农药的测定　高效液相色谱-三重四极杆质谱法》（HJ 1026—2019）	国家	2019年9月1日起实施
46	《土壤和沉积物　六价铬的测定　碱溶液提取-火焰原子吸收分光光度法》（HJ 1082—2019）	国家	2020年6月30日起实施

附录 2

2019 年污染地块土壤污染风险管控和修复名录

序号	省份	市（区）	地块名称	地址	主要污染物	面积/m²
1	北京市	朝阳区	北京市朝阳区双桥电镀厂原址场地	双桥镇	—	—
2		丰台区	北京铁路枢纽丰台站建设工程原丰台机务段场地	花乡长庚胡同 18 号	—	—
3		丰台区	首钢一耐养老设施项目	小郭庄西路 46 号	—	—
4		石景山区	首钢园区城市织补创新工场地块(地铁 M11 号线区域外）	首钢石景山厂区	—	—
5		石景山区	北京首钢特殊钢有限公司 15、16 号地块周边道路地块	首钢石景山厂区	—	—
6		石景山区	首钢园区焦化厂（原料）地块	首钢石景山厂区	—	—
7		石景山区	首钢园区公共服务配套区地块(地铁 M11 号线区域外）	首钢石景山厂区	—	—
8		石景山区	首钢园区公共服务配套区地块(地铁 M11 号线区域外）-1	首钢石景山厂区	—	—

序号	省份	市（区）	地块名称	地址	主要污染物	面积/m²
9	北京市	石景山区	首钢园区焦化厂（绿轴）地块	首钢石景山厂区	—	—
10		石景山区	首钢园区南区二型材周边道路地块	首钢石景山厂区	—	—
11		石景山区	世界侨商创新中心代征绿地地块	首钢石景山厂区	—	—
12		石景山区	首钢园区焦化厂（精苯）地块（地铁M11号线区域内）	首钢石景山厂区	—	—
13		石景山区	首钢园区焦化厂（精苯）地块（地铁M11号线区域外）	首钢石景山厂区	—	—
14		石景山区	北辛安棚户区改造项目696地块	石景山路63号	—	—
15		石景山区	北辛安棚户区改造项目698地块	石景山路63号	—	—
16		通州区	东方化工厂DF-01地块	滨河路143号	—	—
17		通州区	东方化工厂DF-02地块	滨河路143号	—	—
18		平谷区	北京市政路桥集团有限公司(北京路冠沥青制品有限公司）地块	马昌营镇官庄路口东南	—	—
19	天津市	河西	河西区新八大星复兴门钢厂宿舍项目地块	—	土壤：苯并[a]芘、二苯并[a,h]蒽	48 700
20		东丽	东丽区快速路（天钢）地块（除环宁道南侧地块）	—	土壤：苯并[a]蒽、苯并[b]荧蒽等5种；土堆：苯并[a]蒽、苯并[k]荧蒽等6种；水塘底泥：苯并[a]蒽、苯并[b]荧蒽等4种	689 600

序号	省份	市（区）	地块名称	地址	主要污染物	面积/m^2
21	天津市	东丽	天津石化聚醚部整体搬迁项目地块	—	土壤：苯、甲苯、乙苯、对二甲苯、间二甲苯、邻二甲苯、苯乙烯、1,2-二氯丙烷、1,2,3-三氯丙烷,1,4-二氯苯、萘、苯并[*a*]蒽、苯并[*b*]荧蒽、苯并[*k*]荧蒽、苯并[*a*]芘、茚并[1,2,3-*cd*]芘、二苯并[*a,h*]蒽、苯酚；地下水：苯、甲苯、乙苯、对二甲苯、间二甲苯、邻二甲苯、苯乙烯、1,2-二氯丙烷、二氯甲烷、1,1-二氯乙烷、1,2-二氯乙烷、氯仿、萘、苯并[*a*]蒽、苯并[*a*]芘、1,4-二氯苯、1,2,3-三氯丙烷、氯苯、萘	186 000
22	天津市	河西	河西区郁江道（陈塘科技商务区）地块 7 号北侧地块	—	土壤：汞、氯苯、苯、1,4-二氯苯、硝基苯、苯胺、4-氨基联苯	22 300
23	天津市	河西	河西区郁江道（陈塘科技商务区）7 号地南侧地块	—	土壤：硝基苯、氯苯、甲苯、间二甲苯、对二甲苯、苯、菲、1-萘胺；地下水：溶解性总固体	21 800
24	天津市	河西	河西区（陈塘科技商务区） 7 号北及 7 号南地块内西侧界外处理用地	—	土壤：苯、苯并[*a*]蒽、1,4-二氯苯、汞、氯苯、苯胺、苯并[*a*]芘、1-萘胺；地下水：苯、氯苯、苯胺	14 000
25	天津市	北辰	北辰区高峰路（天重三期）地块	—	土壤：重金属、PAHs 和 TPH 部分指标	346 000

序号	省份	市（区）	地块名称	地址	主要污染物	面积/m²
26	天津市	河西	河西区洞庭路复兴九里南侧地块	—	土壤：单环芳烃、总石油烃、二甲苯麝香等 18 种；地下水：乙苯、二甲苯麝香等 12 种	31 500
27		河北	河北区建昌道铝品厂地块	—	土壤：氯代烃、苯、多环芳烃类；地下水：单环芳烃、卤代脂肪烃、多环芳烃类、总石油烃	38 000
28		西青	西青区化学试剂一厂地块	—	土壤、地下水：氯代烃有机物、苯和苯酚	34 100
29		北辰	天津市化工危险品贸易储运公司原址	—	土壤中砷、苯并[*a*]蒽、苯并[*b*]荧蒽、苯并[*a*]芘、茚并[1,2,3-*cd*]芘、二苯并[*a, h*]蒽、*p, p*′-滴滴伊、六六六、*p, p*′滴滴滴、滴滴涕	458 700
30		河西	河西区郁江道陈塘科技商务区内江路和双海道交口公交首末站和水文监测站地块	—	地下水：氯苯、1-萘胺、4-氯苯胺、溶解性固态	7 800
31		北辰	天津市北辰区荣国路（安康）地块	—	地下水：氯乙烯、1,2-二氯乙烷等 12 种	19 200
32		河东	河东区成林道天药集团地块	—	土壤：氯仿、总石油烃、苯；地下水：氯仿、总石油烃、苯、1,1-二氯乙烷、1,2-二氯乙烷、二溴氯甲烷、二氯甲烷	87 000

序号	省份	市（区）	地块名称	地址	主要污染物	面积/m²
33	天津市	北辰	天津农药股份有限公司	—	土壤：苯、乙苯、1,2,4-三氯苯、氯仿、萘和苯并[a]芘、乙硫磷、甲拌磷和特丁硫磷等多种污染物；地下水：苯、二氯甲烷、氯仿、乙苯、二甲苯；恶臭控制指标：甲苯、乙苯、二甲苯、氯仿、二硫化碳、乙硫醇、叔丁基硫醇、二甲基硫醚、二甲二硫醚、二乙基硫醚和二乙基二硫醚	461 000
34		河西	河西区光大冰峰化工有限公司地块	—	土壤：苯；地下水：苯和 1,2-二氯乙烷	10 000
35		北辰	天津市有机化工厂（1 号地、2 号地）地块	—	风险评估完成后公布	69 600
36		武清	天津市三鑫金属表面处理有限公司地块	—	风险评估完成后公布	4 000
37		蕲州	原吉华化工厂	—	土壤：砷、氨氮	94 800
38		北辰	天津市自强化工厂地块	—	土壤：重金属、三氯甲烷、萘、TPH、氟化物、狄氏剂、苯并[a]蒽、苯并[b]荧蒽、苯并[a]芘、4-氯苯胺、1,4 二氯苯、灭蚁灵、4-氯苯胺、硝基苯等；地下水：氟化物、萘	20 700

序号	省份	市（区）	地块名称	地址	主要污染物	面积/m^2
39	天津市	静海	静海镇三街化工厂	—	土壤：萘、乙苯、1,2-二氯乙烷、三氯乙烯、氯仿、4-氨基联苯等多种污染物；地下水：苯、乙苯、间二甲苯、对二甲苯、氟苯、对硝基氯苯、二氯甲烷、氯仿等多种污染物	451 500
40		武清	天津绿涛环保科技有限公司	—	土壤：砷	6 100
41		河西	河西区天津国际联合轮胎橡胶股份有限公司等四宗地块	—	土壤：苯并[*a*]蒽、苯并[*b*]荧蒽、苯并[*a*]芘、二苯并[*a*, *h*]蒽等多种污染物	215 000
42		河西	河西区陈塘科技商务区 F18 地块	—	土壤：铬	4 900
43		武清	武清开发区四期工业项目铁科五期地块	—	土壤：铬、镍、氰化物；地下水：铬、镍	50 700
44		河东	万东路 118 号地块	—	土壤：铬、镍、三氯乙烯	69 400
45		武清	京津农药厂地块	—	风险评估完成后公布	73 000
46		武清	英力公司地块	—	风险评估完成后公布	127 000
47		北辰	天津海豚橡胶集团有限公司地块	—	风险评估完成后公布	315 800
48		河西	河西区陈塘科技商务区 F10 地块	—	土壤：三氯乙烯、四氯乙烯；地下水：氯乙烯、三氯乙烯、四氯乙烯、顺-1,2 二氯乙烯	36 200

序号	省份	市（区）	地块名称	地址	主要污染物	面积/m²
49	天津市	北辰	北辰铬渣污染地块	—	风险评估完成后公布	165 900
50		河西	河西区黑牛城道（大成五金）地块复兴九里南侧（四信里南侧之绿道公园）地块	—	土壤：乙苯、非常规指标麝香类；地下水：1,2-二氯乙烷、非常规指标麝香类	6 300
51		河西	河西陈塘科技商务区 X3 小学地块	—	土壤：砷、铬	25 600
52		武清	华美（天津）电镀技术有限公司地块	—	风险评估完成后公布	4 900
53		西青	天津市西青区辛口镇福运道南侧仓储项目地块	—	土壤：苯；地下水：重金属、苯	69 000
54		武清	武清区原白古屯电镀厂地块	—	风险评估完成后公布	6 000
55		河东	河东区津塘路 178 号造纸五厂地块	—	风险评估完成后公布	175 600
56		红桥	天津市红桥区光荣道科技园（5 号南和 12 号南）地块	—	地下水：三氯乙烯、四氯乙烯、氯乙烯	27 700
57		河西	陈塘科技商务区内江路（X1 小学）东侧能源站地块	—	地下水：氯乙烯、1,1,2-三氯乙烷	9 800
58		滨海新区	天津渤天化工有限责任公司厂址地块	—	风险评估完成后公布	148 700
			天津渤天化工有限责任公司厂址 2 号地	—		154 000
			天津渤天化工有限责任公司厂址 3 号地	—		231 500

序号	省份	市（区）	地块名称	地址	主要污染物	面积/m^2
58	天津市	滨海新区	天津渤天化工有限责任公司厂址 4 号地	—	风险评估完成后公布	88 700
			天津渤天化工有限责任公司厂址 5 号地	—		196 800
			天津渤天化工有限责任公司厂址 6 号地	—		135 300
			天津渤天化工有限责任公司厂址 7 号地	—		183 300
			天津渤天化工有限责任公司厂址 8 号地	—		126 700
			天津渤天化工有限责任公司厂址 9 号地	—		61 400
			天津渤天化工有限责任公司厂址 10 号地	—		198 700
			天津渤天化工有限责任公司厂址 11 号地	—		110 000
			天津渤天化工有限责任公司厂址 12 号地	—		160 000
			天津渤天化工有限责任公司厂址 13 号地	—		333 000

序号	省份	市（区）	地块名称	地址	主要污染物	面积/m²
58	天津市	滨海新区	天津渤天化工有限责任公司厂址 14 号地	—	风险评估完成后公布	187 700
			天津渤天化工有限责任公司厂址 15 号地	—		232 700
			天津渤天化工有限责任公司厂址 17 号地	—		284 700
			天津渤天化工有限责任公司厂址 18 号地	—		28 700
			天津渤天化工有限责任公司厂址 19 号地	—		22 000
59		津南	原天津市绿洲化工有限公司地块	—	风险评估完成后公布	15 800
60		津南	原天津市津南区晟北电镀厂地块	—	风险评估完成后公布	7 800
61		津南	原天津市永安化工厂地块	—	风险评估完成后公布	10 200
62		津南	原天津市津南区化工二厂地块	—	风险评估完成后公布	15 100
63		津南	原天津市越过化工有限公司地块	—	风险评估完成后公布	22 900
64		北辰	天津市敬业精细化工有限公司北辰分公司（天津市有机化工二厂）	—	风险评估完成后公布	48 400
65		河北	天津自行车二厂老厂区地块	—	风险评估完成后公布	32 200
66		津南	原天津市津南区阳光电镀厂地块	—	风险评估完成后公布	2 800

序号	省份	市（区）	地块名称	地址	主要污染物	面积/m^2
67	河北省	石家庄市	原河北铬盐化工有限公司地块	南至灵达路，北至西赵村耕地，东至南赵村耕地，西至窦妪村耕地，中心经度114.532 68E，中心纬度37.893 25N	六价铬、钴、总石油烃、苯并[a]芘、四氯化碳、1,2-二氯乙烷、邻苯二甲酸二（2-乙基己酯）	158 872
68		石家庄市	石家庄市正定金石化工有限公司场地	北至河北金源化工股份有限公司，西至育英街，南至晨光路，东至旺泉北大街，中心经度114.577 553E，中心纬度38.167 661N	砷、镍、锶	168 000
69		石家庄市	河北金源化工股份有限公司磷肥板块场地	场地西侧北侧紧邻旺泉街，西侧隔路为石家庄市正定金石化工有限公司，东侧隔路为正定县金洋装饰门厂，南侧为石家庄汉普食品机械有限公司，中心经度114.580 237E，中心纬度38.168 848N	砷、氟化物	79 447.31

序号	省份	市（区）	地块名称	地址	主要污染物	面积/m²
70	河北省	唐山市	丰南区四王庄城中村棚户区改造工程项目场地	东至唐胥路，西至国友路，北至顺达街，南至友谊大街，中心经度 108.127 17E，中心纬度 39.574 05N	砷、钴、汞、钒、氟化物、二噁英、总石油烃 C_{10}～C_{40}、芘	101 266.2
71		唐山市	唐山冶金矿山机械厂有限公司场地	西至建华陶瓷厂，东至缸窑路，南至建华东道，北至 5 号小区，中心经度 118.199 17E，中心纬度 39.655 83N	石油烃、苯并[*a*]芘	337 858.6
72		邢台市	南宫市精强连杆有限公司老厂区场地	场地南侧为大庆路，北侧为北关地，西侧为河北南星气体设备有限公司和临街商铺，东侧为东街林地，中心经度 115.391 59E，中心纬度 37.364 36N	铜、镍、六价铬和石油烃	60 426.06
73		邯郸市	永年县顺畅化工有限公司场地	西侧为胜利大酒店及 107 国道，东侧为空地，南侧及北侧为农田，中心经度 114.486 14E，中心纬度 36.736 61N	苯、乙苯、间二甲苯、对二甲苯、萘、1,2-二氯乙烷	18 100

序号	省份	市（区）	地块名称	地址	主要污染物	面积/m^2
74	山西省	太原市	太化集团 005 地块	太原市晋源区	—	—
75		太原市	太化集团 006 地块	太原市晋源区	—	—
76		太原市	太化集团 011 地块	太原市晋源区	—	—
77		太原市	太原煤气化集团旧厂区地块	太原市万柏林区光华街 9 号	—	—
78		太原市	蓝星化工责任有限公司地块	太原市晋源区化工路 75 号	—	—
79		太原市	南堰污水处理厂地块	太原晋源区晋祠路三段	—	—
80		大同市	大同开源一文化创意产业园地块	大同市开源街南侧（原大同市煤气化总公司）	—	—
81		忻州市	忻州云马焦化有限公司污染地块	忻州市忻府区	—	—
82		忻州市	山西天柱山化工有限责任公司污染地块	忻州市静乐县鹅城镇西坡崖村	—	—
83		忻州市	原平化工有限责任公司污染地块	原平市城区前进西街三条 1 号	—	—
84		忻州市	原平钢铁厂搬迁污染地块	原平市平安大街	—	—
85		晋中市	原左权县同达煤化有限公司用地	晋中市左权县万寿西街	—	—

序号	省份	市（区）	地块名称	地址	主要污染物	面积/m²
86	山西省	运城市	原河津市焦化厂地块	河津市城区东北角	—	—
87	山西省	运城市	稷山县晋鹏焦化有限公司地块	稷山县西社镇中社村北	—	—
88	吉林省	长春市	吉林青旅建设工程有限公司长春石油储备库原址	凯旋路以东，北环城路以南，北人民大街以西，宽府路以北	苯、二甲苯、乙苯及苯并[a]芘	21 404
89	黑龙江省	哈尔滨市平房区平房镇工农村	哈尔滨市平房区废弃生活垃圾填埋场及周边地块	北侧距马家沟屯200 m，南侧距工农村700 m，西侧距工农水库1.2 km，北侧距黑龙江中电热力管道制造有限公司300 m	—	263 672
90	黑龙江省	哈尔滨市道外区东北部	哈尔滨龙江特种设备有限公司地块	北侧紧邻哈尔滨红光铸铁锅炉厂、北岗屯，西侧与新兴产园区、六七靶场相接，东侧与哈尔滨碰碰凉冷食品厂、龙福小区相连，南侧紧接福顺建材厂	—	268 643

序号	省份	市（区）	地块名称	地址	主要污染物	面积/m^2
91	黑龙江省	肇东市东北部	肇东市垃圾填埋场地块	东侧紧邻肇兰新河；南侧为当地污水处理厂和中粮集团，西侧为 901 乡道和农田，北侧为农田	—	345 830
92		双鸭山市岭东区	双鸭山市岭东区六井煤矿地块	46 933′9.16″N～4 693 3′22.67″N，13 198′44.58″E～13 109′10.61″E	—	135 988
93		伊春市美溪区	伊春市美溪区大西林铁矿尾库及周边地块	中心经度 129°2′30′N，中心纬度 47°33′10″E	—	铁矿尾矿库区 12 000 m^2、尾矿库 300 m 范围内的土壤、沿铁矿沟河上游 300 m 和下游 3 000 m 的河底污泥

序号	省份	市（区）	地块名称	地址	主要污染物	面积/m²
94	上海市	黄浦区	黄浦区申贝地块	东至保屯路，西至西藏南路，南至新中苑小区，北至瞿二小区、齐力小区	—	14 300
95		静安区	271、275 街坊黄山路地块	东至西宝兴路，南至在建工地，西至平型关路东侧沿街商铺，北至民和路	—	17 426
96		静安区	晋元广场	晋元路西侧，乌镇路东侧，光复路北侧和新疆路南侧	—	68 400
97		徐汇区	北杨工业区北杨实业地块（华发路以北）	东至长桥物流中心，西至老沪闵路，南至华发路，北至 466 街坊 4 丘	—	45 110
98		长宁区	长宁区临空 12 号地块	西至广顺北路，北至通协路，东至协和路，南至北翟路	—	114 000
99		长宁区	长宁区 115 街坊（天山派出所）地块	西至古北公寓，北至紫云西路，东至原仙霞小区，南至远东国际广场	—	1 334

序号	省份	市（区）	地块名称	地址	主要污染物	面积/m^2
100	上海市	普陀区	601 地块（振华造漆、春光园、万伟）	南面为常和路，西面为景泰路，北面为古浪路，东面为祁连山路	—	100 230
101		普陀区	615 街坊经营地块	东面为规划敦煌南路，南面为金昌路，西面为智创城核心区 616 地块，北面为真南路	—	111 573
102		普陀区	621 地块（立科化学、春光村）	东至敦煌路，南至古浪路，西面隔古浪路为 621A 地块修复工程项目部，北面至沪嘉高速	—	22 700.8
103		普陀区	616 街坊经营地块	东面为 615 地块，南面为金昌路，西面紧邻上海远成实业有限公司（远成物流），北面为真南路	—	95 742
104		普陀区	英达电子地块	东至古浪路 1702 弄，南至古浪路，西至桃苑路，北至北面绿地	—	33 911

序号	省份	市（区）	地块名称	地址	主要污染物	面积/m^2
105	上海市	普陀区	613 地块（原三维制药厂）	东至敦煌路，北至武威路，南至永登路，西至玉门路	—	95 000
106		虹口区	虹口区西宝兴路 949 弄 75 号地块	西至华丰铁床厂，东至 949 弄 81 号仓库，北至现有住宅，南至宝兴殡仪馆	—	6 609
107		虹口区	花园城幼儿园（暂命名）地块	南侧至中山北一路，西侧至同心路，北侧至同心城，东侧至花园城	—	7 116.3
108		杨浦区	杨浦区 112 街坊 20 丘动迁安置房	东至双阳路（规划），南至河间路，西至临青路，北至龙口路	—	6 979
109		闵行区	上海市莘庄工业区沪闵路 A 地块	东至沪闵路旁市政绿化带，南至申南路旁绿化带，西至春东路旁绿化带，北至北部企业围墙	—	18 759.4

序号	省份	市（区）	地块名称	地址	主要污染物	面积/m^2
110	上海市	闵行区	梅陇镇朱行城中村改造项目 G2-06 地块	北侧为莘朱东路，南侧为业祥路，西侧为待开发荒地，向西延伸为华泾港，东侧为晶实农贸市场和闵行区晶华坊幼儿园，向东延伸为兴南路	—	28 412
111		闵行区	吴泾镇 101 地块	双柏小区以东，氯碱小区以西，塘泗泾以南，上海市闵行区吴泾第三小学以北	—	5 006
112		闵行区	梅陇朱行城中村 G1-02 地块	上海市闵行区莘朱东路与华泾港交汇处，东、南、西至空地，北至莘朱东路	—	7 500
113		闵行区	闵行区 G1-01 地块	南侧为业祥路，北侧为莘朱东路，东侧和西侧为空地	—	30 495
114		宝山区	宝东路 887、宝杨路 152 号地块	东至城投污水处理厂，南至海江路，西至宝东路，北至宝杨路	—	19 663

序号	省份	市（区）	地块名称	地址	主要污染物	面积/m²
115	上海市	宝山区	南大地区 05-04 地块	东邻丰收东路，西至鹅蛋浦，南至保利熙悦（住宅区），北至丰翔路	—	72 882
116		宝山区	宝山新城杨行 BSPO-0 801 单元江杨北路以东 06-06 地块	北至 06-05 地块，南至湄宝路（规划），西至 06-04 地块，东至铁和路（规划）	—	58 864
117		宝山区	宝山新城杨行 YH-B-1 单元绿龙路北侧 01-06 地块	北至 01-04 地块，南至绿龙路，西至 01-04 地块，东至 01-05 地块，东南至 01-10 地块	—	117 874
118		浦东新区	周浦四高基地 H-K-1 地块	东至咸塘港，南至周浦四高基地 H-K-2 地块，西至康沈路，北至沈梅东路	—	8 970
119		浦东新区	周浦四高基地 H-K-2 地块	东至咸塘港，南至桃园新城汇枫公寓，西至康沈路，北至周浦四高基地 H-K-1 地块	—	15 979

序号	省份	市（区）	地块名称	地址	主要污染物	面积/m^2
120	上海市	奉贤区	南桥新城 14 单元 06A-02A 区域地块	东临金钱路，南临胜利港，西临金汇港，北临金齐路，齐泰路由北向南横穿地块	—	—
121	江苏省	南京	南京中船绿洲机器有限公司板桥厂区地块	江苏省南京市中华门外板桥新建	—	350 000
122		南京	原江宁区春山矿第二化工厂	江苏省南京市江宁区汤山街道春湖路南	—	14 889.18
123		南京	南站中轴南端滨河片区（原红光造纸厂）	江苏省南京市江宁区东山街道宏运大道以南滨河路以北	—	24 433.06
124		南京	原南京铁合金厂铁路货场地块	江苏省南京市栖霞区和燕路 436 号	—	41 000
125		南京	毓恒码头地块一	江苏省南京市栖霞区和燕路 560 号	—	8 700
126		南京	毓恒码头地块二	江苏省南京市栖霞区和燕路 560 号	—	8 300
127		南京	滨江地块	江苏省南京市栖霞区和燕路 560 号	—	35 300

序号	省份	市（区）	地块名称	地址	主要污染物	面积/m^2
128	江苏省	南京	南京新尧新城城市综合体西侧地块	尧佳路和翠林路交叉口西北侧	—	18 770
129		南京	原煤制气厂地块（除一、二期以外剩余地块第一部分）	江苏省南京市栖霞区合作村 88 号	—	188 000
130		南京	博世老工厂厂区场地土壤修复工程	江苏省南京市栖霞区吉祥庵 108 号	—	58 000
131		南京	原南京三商合成材料有限公司地块	江苏省南京经济技术开发区恒竞路 5 号	—	15 161
132		南京	南京国海生物工程有限公司原厂址地块	江苏省南京市六合区雄州街道红砂矿	—	52 133.3
133		南京	南京鑫沛化工有限公司原厂址地块	江苏省南京市六合区雄州街道红砂矿	—	78 970
134		南京	南京虹光化学工业有限公司地块	江苏省南京市六合区雄州东路 138 号	—	40 000
135		南京	南京常丰农化有限公司地块	江苏省南京市六合区雄州街道红砂矿	—	24 133.33
136		无锡	江阴新南洋纺织科技有限公司原厂址	江阴市澄江街道南端（中心经纬度 N31°53′11″，E120°17′23″）	—	38 000

序号	省份	市（区）	地块名称	地址	主要污染物	面积/m^2
137	江苏省	无锡	无锡光电园 CD 地块（除百乐薄板外的国土部分）	无锡市梁溪区山北街道	—	69 605
138		无锡	无锡焦化厂退役场地东厂区地块	无锡市城南路 1 号	—	98 377
139		无锡	无锡焦化厂退役场地西厂区地块	无锡市城南路 1 号	—	131 623
140		无锡	原石化总厂（锡虞西路以东）	无锡市梁溪区广瑞路 1418 号	—	131 227.6
141		无锡	原石化总厂（锡虞西路以西）	无锡市梁溪区广瑞路 1418 号	—	90 828.5
142		无锡	原无锡宝露印染有限公司地块	无锡市惠山区前洲街道前洲社区	—	18 000
143		无锡	原无锡市恒方不锈钢有限公司老厂区地块	无锡市新吴区振发六路	—	9 750
144		无锡	原无锡市丰硕化工厂遗留地块	无锡市新吴区硕放街道秦村桥附近	—	17 000
145		徐州	江苏恩华药业股份有限公司地块	徐州市鼓楼区中山北路 289 号	—	67 334
146		徐州	徐州天嘉食用化工有限公司	徐州市鼓楼区中山北路 368 号	—	54 000
147		徐州	徐州华辰胶带有限公司	徐州市鼓楼沈孟路北	—	47 334

序号	省份	市（区）	地块名称	地址	主要污染物	面积/m^2
148	江苏省	徐州	徐州顺祥置业有限公司铜山区2018-8号地块	徐州市铜山区茅村镇龙庄村南	—	59 137
149	江苏省	徐州	徐州晟荣置业有限公司铜山区2018-6号地块	徐州市铜山区茅村镇龙庄村南	—	103 670
150	江苏省	常州	常隆（华达、常宇）公司原厂址地块	常州市新北区龙虎塘街道	—	262 000
151	江苏省	常州	常州市山峰化工原厂址地块	常州市天宁区雕庄街道劳动东路682号	—	120 000
152	江苏省	常州	天马集团及周边地块	常州市飞龙中路两侧，通江大道西侧（原常州天马集团有限公司：常澄路1号；原江苏常隆化工有限公司有机化工厂：北门外大圩路439号）	—	600 000
153	江苏省	常州	常州市东方化工有限公司原厂址地块	常州市天宁区雕庄街道劳动东路630号	—	23 000

序号	省份	市（区）	地块名称	地址	主要污染物	面积/m^2
154	江苏省	常州	海棠名都海棠园北侧原恒安化工地块	常州市金坛区尧塘街道亿晶大街东侧、夏溪河南侧	—	5 000
155		常州	常州盘固化工有限公司地块	常州市金坛区东环一路西侧、锅底山路北侧	—	51 000
156		常州	常州爱匹克斯化工研究所有限公司原地块	常州市新北区春江镇港区南路9号	—	14 667
157		常州	常州伊思特化工有限公司原厂址及常州市华人化工有限公司东北侧原闲置地块	常州市新北区魏村工业园区滨江一路3号	—	37 900
158		常州	常州新区飞达助剂厂原厂址地块	常州市新北区新桥镇新安路240号	—	9 640
159		常州	溧阳龙沙化工有限公司地块	溧阳市溧城镇平陵东路49号	—	19 348
160		常州	常州市金隆化工有限公司原厂址地块	常州市武进区牛塘镇高家村18号	—	32 418

序号	省份	市（区）	地块名称	地址	主要污染物	面积/m^2
161	江苏省	常州	常州市武进精细化工厂有限公司原厂址地块	常州市武进区横山桥镇西崦村	—	59 627
162		苏州	苏地 2012-G-129 号地块	苏州市吴中高新区宝带西路以南、西塘河以西	—	13 500
163		苏州	苏州塑料三厂原址地块	冬青路西、原苏化厂南、南环新村东、苏苑街北	—	50 000
164		苏州	苏州染料厂原址地块	建新村（原）以南、长桥新村以东、宝带东路北、冬青路西	—	59 200
165		苏州	苏州溶剂厂原址南区地块	翠庭路东、青阳河南、冬青路西、南环路北	—	100 000
166		苏州	苏化厂原址 1 号地块	南环路以南、冬青路以西、湄长河以北	—	69 409
167		苏州	苏化厂原址 2 号地块	南环路以南、冬青路以西、湄长河以北	—	79 000
168		苏州	苏化厂原址 3 号地块	南环路以南、冬青路以西、湄长河以北	—	49 377

序号	省份	市（区）	地块名称	地址	主要污染物	面积/m²
169	江苏省	苏州	胜浦街道界浦路东、强胜路南污染地块修复项目	苏州工业园区界浦路东、强胜路南	—	50 000
170		苏州	原苏钢老区焦化区域（4 号地块）	地块门牌号还未申请：桑苑路东、万卷街北、志学街南、白豸山西	—	66 951
171		南通	原南通第二印染厂地块	崇川区外环西路 94 号	—	59 997
172		南通	原南通精华制药原料药分厂地块	崇川区姚港路 43 号	—	70 035
173		南通	原南通万达锅炉（北）地块	崇川区任港路 51 号	—	61 954
174		南通	原长江镍矿精选有限公司地块	如皋市长江镇静海路 18 号	—	207 751
175		淮安	城中花园东地块	淮安市淮阴区城中花园小区东侧	—	81 000
176		盐城	盐城宇新固体废物处置有限公司	盐城市开放大道南路 172 号	—	9 241
177		扬州	艾诺斯（江苏）华达电源系统有限公司	扬州市江都区仙女镇新都南路 539 号	—	24 000
178		扬州	江苏粮满仓农化有限公司(污水处理设施地块）	扬州市江都区武坚镇周西新楼村	—	47 400

序号	省份	市（区）	地块名称	地址	主要污染物	面积/m²
179	江苏省	镇江	原江南化工厂退役厂区地块	镇江市润州区和平路街道试办引河以北	—	171 341.9
180		镇江	镇江市格兰春普化工有限公司地块	镇江市京口区谏壁街道焦湾村	—	15 000
181		镇江	原丹化集团及原昌和化学地块	镇江市丹阳市云阳镇北环路 12 号	—	51 478
182		泰州	文林南路东侧，南官河西侧地块	泰州市兴化中和路北侧、文林南路东侧	—	102 500.3
183		宿迁	沭阳循环经济产业园樱花路两侧化工企业关闭搬迁遗留污染地块	沭阳扎下镇老 205 国道东	—	139 180
184	浙江省	杭州市	杭州市原红星化工退役厂区望江单元 C2-01 地块	杭州市上城区秋涛南路西侧（上城区秋涛路南落马营 16 号）	—	20 000
185		杭州市	原浙江新世纪金属材料现货市场退役场地（杭钢新世纪钢材市）	杭州市下城区东新路 741 号	—	124 000
186		杭州市	西湖漾（西文街-横河港）综合整治工程范围内涉及金星铜集团有限公司等场地	杭州市下城区三塘单位	—	11 400

序号	省份	市（区）	地块名称	地址	主要污染物	面积/m²
187	浙江省	杭州市	杭州晨光塑料化工有限公司地块	杭州市江干区	—	21 069
188		杭州市	杭州景芳加油站地块	杭州市江干区秋涛北路 86 号	—	2 000
189		杭州市	浙江大桥油漆有限公司登云路厂区（原杭州油漆厂）地块	杭州市北大桥化工区登云路 555 号	—	83 000
190		杭州市	杭钢半山基地炼铁区域退役场地	杭州市拱墅区县湖墅南路 198 号	—	801 727
191		杭州市	杭钢半山基地转炉区域退役场地	杭州市拱墅区县湖墅南路 198 号	—	618 000
192		杭州市	杭钢半山基地焦化区域退役场地	杭州市拱墅区县湖墅南路 198 号	—	359 329
193		杭州市	杭州石化有限责任公司油品转运站地块	杭州市拱墅区拱康路 76 号	—	20 000
194		杭州市	杭州危险品转运站地块	杭州市拱墅区拱康路 76 号	—	24 223
195		杭州市	杭州浦沿单元 BJ0603-09 及 BJ0603-06 地块	杭州市滨江区浦沿街路 88 号	—	34 800
196		杭州市	国际香料香精（杭州）有限公司退役场地	建德市洋溪街道国香路 88 号	—	140 000

序号	省份	市（区）	地块名称	地址	主要污染物	面积/m²
197	浙江省	杭州市	杭州南郊化学、电镀厂 c 地块	杭州市滨江区浦沿街道	—	6 000
198		杭州市	原杭州煤气厂地块	杭州市拱墅区拱康路 61 号	—	270 000
199		杭州市	杭州市燃料有限公司杜子桥煤库地块	杭州市拱墅区丽水街与侯圣街交叉口东南	—	37 200
200		杭州市	杭州留下油脂厂地块	杭州市西湖区留下街道原茶市街 2 号	—	14 180
201		宁波市	浙江金甬腈纶有限公司地块	宁波市镇海区五里牌	—	243 919.8
202		宁波市	镇海第二化工厂退役地块	宁波市镇海区宁镇公路南侧	—	5 433
203		宁波市	宁波江东甬江东南岸区域 m01-02-04 地块	宁波市鄞州区福明街道	—	12 152
204		宁波市	宁波江东甬江东南岸区域 m01-02-05 地块	宁波市鄞州区福明街道	—	7 786
205		宁波市	宁波江东甬江东南岸区域 m01-02-10 地块	宁波市鄞州区福明街道	—	16 737
206		宁波市	原鄞县农药厂地块	宁波市鄞州区钟公庙街道	—	286 000

序号	省份	市（区）	地块名称	地址	主要污染物	面积/m^2
207	浙江省	宁波市	金海雅宝化工有限公司地块	宁波市宁海县深镇温泉路5号	—	50 000
208		宁波市	原宁波舜宏化工有限公司地块	宁波余姚市北兰江东路与世南东路交叉口西北角（舜水大桥东）	—	24 680
209		宁波市	雁门电镀厂原址地块	宁波慈溪市龙山镇邱王村雁门路11号	—	8 200
210		温州市	温州市滨江商务区 CBD 片区 12-05 地块	温州市鹿城区滨江街道	—	11 866
211		温州市	温州鹿城区制革基地前京、十里场地（A-11、A-12、A-13、A-14 地块）	温州市鹿城区仰义街道沿兴路142号	—	62 941.5
212		温州市	温州浙南科技城 02-E-01 至 02-E-24 地块	温州市龙湾区瑶溪街道灵昆大桥附近	—	400 700
213		温州市	温州市状蒲片区状元北单元 01-A05 地块（原龙湾电镀基地）	温州市龙湾区	—	16 100
214		温州市	温州市永强北片区永中单元 YB08-B-01 至 YB08-B-03 地块	温州市龙湾区永中街道	—	51 508.3
215		温州市	温州市滨江商务区桃花岛片片区 T05-09 地块	温州市蒲州街道屿田村	—	25 000

序号	省份	市（区）	地块名称	地址	主要污染物	面积/m²
216	浙江省	温州市	平阳县宠物小镇建设一期三区块（B/M-02 至 B/M-04、GI-40 至 GI-46、M2/M3-01、M2/M3-02 地块）	温州市平阳县水头镇宠物小镇	—	235 540
217		温州市	平阳县宠物小镇 R21-01、R21-03 地块	温州市平阳县水头镇宠物小镇	—	61 100
218		温州市	平阳县宠物小镇 R/B-03、R/B-04 地块	温州市平阳县水头镇宠物小镇	—	66 779
219		温州市	平阳县宠物小镇建设一期二区块（1-02、R21-04、R22-01、G1-33-34、G1-36-39、G1-49 地块）	温州市平阳县水头镇宠物小镇	—	115 333.9
220		温州市	瑞安市塘下镇镇龟山村老人公寓场地	温州市塘下镇龟山村	—	8 702
221		温州市	温州市黄屿拉丝基地和黄屿电镀基地退役场地	温州市黄屿大道与蒲江南路交叉口	—	42 700
222		嘉兴市	嘉兴汇源纺织染整有限公司（一期、二期）场地	嘉兴市油车港镇正阳路西 159 号	—	148 387
223		嘉兴市	新丰镇乌桥村潭子塘堆场地块	嘉兴市新丰镇乌桥村潭子塘组	—	47 000
224		嘉兴市	上林村制革污泥堆场地块	嘉兴海宁市周王庙镇东北部	—	200

序号	省份	市（区）	地块名称	地址	主要污染物	面积/m²
225	浙江省	嘉兴市	海宁和平化工有限公司污染地块	嘉兴海宁市海洲街道	—	11 203
226		嘉兴市	平湖市海达精细化有限公司退役地块	嘉兴广陈镇月渡湾	—	29 041.8
227		湖州市	安吉鸿泰化工有限公司地块	湖州市安吉县孝丰镇王家庄村	—	9 200
228		湖州市	安吉县羽马电瓶有限公司地块	湖州市安吉县天子湖镇	—	14 684
229		绍兴市	绍兴凤林西路以南 D 地块	绍兴市东至越西路，南至灵芝路，西至河流，北至凤林西路	—	46 000
230		绍兴市	绍兴凤林西路以南 G 地块	绍兴市东至规划道路，南至狮子口，西至小善江，北至灵芝	—	41 000
231		绍兴市	绍兴柯桥区柯西 R-08 地块退役场地	绍兴市柯桥区柯西工业园区稽山路与山阴路交叉口	—	128 659
232		绍兴市	绍兴柯桥区柯西 R-09 地块退役场地	绍兴市柯桥区柯西工业园山阴路	—	51 716
233		绍兴市	绍兴柯桥区福一 01 地块	绍兴市柯桥区福全街道五洋村畈里金	—	11 746

序号	省份	市（区）	地块名称	地址	主要污染物	面积/m²
234	浙江省	金华市	浙江东阳化学工贸有限公司 B 地块	金华东阳市东七里，环城北路与学士南路交叉口东侧约 400 m	—	10 350.83（其中管控面积 6 203）
235		金华市	浙江东阳化学工贸有限公司 A 地块	金华东阳市东七里，环城北路与学士南路交叉口东侧约 400 m	—	74 948.07（其中修复面积 4 317.15）
236		金华市	横店集团家园化工有限公司 B 地块	金华东阳市横店工业区	—	11 724.5
237		金华市	鹰鹏化工有限公司地块	金华永康市永化路 68 号	—	73 488.44
238		金华市	浙江侨朋化工有限公司地块	金华永康市永化路 68 号	—	10 533.21
239		金华市	浙江伊鹏化工有限公司地块	金华永康市永化路 68 号	—	6 199
240		金华市	原浙江尖峰药业有限公司江南制药厂地块	金华市经济技术开发区宾虹路 1756 号	—	370 163
241		衢州市	开化县盛丰化工有限公司地块	衢州开化县华埠镇封家二业园区	—	11 000

序号	省份	市（区）	地块名称	地址	主要污染物	面积/m^2
242	浙江省	衢州市	开化县成兴化工有限公司地块	衢州开化县封家中小企业孵化基地	—	5 000
243	浙江省	衢州市	浙江省常山化工有限责任公司和浙江常山时庆化工有限公司原址地块	衢州常山县紫港街道外港	—	122 666
244	浙江省	台州市	黄岩区农药厂地块	台州市黄岩区城关北郊的马鞍山脚下	—	30 623
245	浙江省	台州市	江口江心屿地块（含黄岩鹿通电镀有限公司、黄岩千百合胶业有限公司、台州市黄岩华源电源厂等）	台州市黄岩区大闸路 99 号	—	9 571.3
246	浙江省	台州市	台州华迪实业有限公司地块	台州临海市上盘镇北洋工业区滨海第一大 19 号	—	3 800
247	安徽省	合肥市	中盐安徽红四方股份有限公司	合肥市瑶海区	—	440 002
248	安徽省	合肥市	原合力叉车厂 A07 地块	合肥市蜀山区金寨路与望江路交叉口	—	16 653
249	安徽省	芜湖市	造船厂地块二期	芜湖市镜湖区长江中路 49 号	—	60 100
250	安徽省	芜湖市	芜湖市新兴铸管弋江区老厂 5 号 5-2 地块	芜湖市弋江区	—	90 300

序号	省份	市（区）	地块名称	地址	主要污染物	面积/m^2
251	安徽省	芜湖市	安达矿业加工厂	芜湖市三山区高安街道矶头山	—	33 350
252		蚌埠市	原安徽八一化工股份有限公司生产二部	蚌埠市龙子湖区淮滨路 379 号	—	83 000
253		蚌埠市	蚌埠市永丰染料化工有限责任公司	蚌埠市五河县淮浍路 1 号	—	56 860
254		蚌埠市	固镇县天原化工有限责任公司	固镇县城关镇西圩村	—	42 367
255		淮南市	淮南供电公司某变电站	淮南市谢家集区与八公山区交界处	—	100
256		淮南市	原凤台县淮河化工厂	淮南市刘集镇山口村	—	10 162
257		淮北市	长源（淮北）焦化有限公司	淮北市烈山区宋町镇	—	200 000
258		铜陵市	铜陵市原亚星焦化厂场地	铜陵市铜官区金岭路	—	420 000
259		铜陵市	铜陵宝兴化工厂地块	铜陵市宝山路	—	7 792

序号	省份	市（区）	地块名称	地址	主要污染物	面积/m²
260	安徽省	铜陵市	原安徽星辰化工有限公司关闭遗留场地	铜陵市郊区铜港路桂家湖新村 73 号	—	21 333
261		安庆市	安庆曙光精细化工厂原厂址	安庆市华中东路 316 号	—	136 663
262		安庆市	原活塞环厂沿江路地块	安庆市沿江中路 48 号	—	19 314
263		黄山市	黄山市美达电器有限公司	歙县徽城镇七里头	—	20 000
264		黄山市	黄山振龙电源有限公司	歙县经济开发区	—	53 333
265		黄山市	黄山市新光不锈钢材料制品有限公司	黄山市休宁县溪口镇东充	—	126 540
266		滁州市	方成化工	来安县大英镇广佛村	—	8 000
267		六安市	长安设备涂装有限公司	六安市皋城路以南、长安路以东	—	13 599
268	福建省	莆田市	莆田市荔城区恒赫五金电镀厂	莆田市荔城区新度镇白埕村 102 号	氰化物、六价铬	2 000
269		漳州市	漳州市芗城金峰电镀厂原址地块	漳州市芗城区芝山镇惠民路	六价铬、镍、锌	5 336
270		将乐县	将乐县三华轴瓦有限公司原址地块	三明市将乐县古镛镇新将北路 15 号	镍、砷、铅、铜、石油烃、多氯联苯	35 140

序号	省份	市（区）	地块名称	地址	主要污染物	面积/m²
271	江西省	九江	原 806 厂污染地块	九江市濂溪区九江有色金属冶炼有限公司厂区内	氟离子	7 600
272		九江	港口街镇丁家山铜矿污染地块	九江市柴桑区港口街镇丁家山村	铜、铅、镉、砷、铬、锌	116 673
273		九江	武宁县锑矿历史遗留砷碱渣堆放场地块	九江市武宁县	砷	2 268
274		九江	永修县梅棠镇钒矿历史遗留尾矿渣地块	九江市永修县梅棠镇永武高速梅棠出口旁	钒、pH	14 934
275		新余	新余前卫化工有限公司原厂址	仙来东大道 18 号	苯、二甲苯、石油烃	106 672
276		赣州	崇义县思顺乡山院村红旗岭矿区场地	江西省赣州市崇义县思顺乡山院村红旗岭	砷、铜、镉	187 876
277		赣州	崇义县金坑乡坪洋村废弃矿区	江西省赣州市崇义县金坑乡坪洋村坪洋金矿	砷、铜、铅、镍、汞	13 501
278		赣州	正平镇庙下村污染场地	江西省赣州市信丰县正平镇庙下村废有机溶剂加工点	甲苯、二甲苯	5 000

序号	省份	市（区）	地块名称	地址	主要污染物	面积/m²
279	江西省	赣州	南康区红桃村重金属污染综合治理及修复项目	南康区赤土乡红桃村	铅、锌、镉、砷、铜	253 013
280		宜春	原赣中氯碱制造有限公司地块	宜春市樟树市清江大道168号	镉、3,3-二氯联苯胺	82 671
281		宜春	原江西晶昊盐化有限公司	樟树市葛玄路19号	镉、铅、镍	31 002
282		上饶	弋阳县浦丰金属制品厂地块	弋阳县葛溪镇	砷、铅	7 534
283		上饶	江西亿隆铜业有限公司地块	弋阳县志敏工业园	砷、镉、铜、铅、镍、锑、铍、钴、锌	17 534
284		上饶	弋阳县华宇实业有限公司地块	弋阳县志敏工业园	砷、镉、铅	2 000
285		上饶	弋阳县兴旺实业有限公司地块	弋阳县志敏工业园	砷、镉、铅	18 888
286		上饶	弋阳县汇鑫有色金属有限公司地块	弋阳县志敏工业园	铅、镉、砷、铜、锑、铍	15 721
287		上饶	江西德诚金属股份有限公司地块	弋阳县志敏工业园	砷、铅、铜、锌、镉	114 006
288		吉安	葛田乡铜锣垇砒霜厂地块	江西省井冈山市葛田乡	砷、镉	79 571
289		吉安	吉安市峡江县桐林乡流源村废弃金矿遗留场地地块	峡江县桐林乡流源村银坑水库旁	砷	667
290		吉安	吉安市青原区富滩工业园区原江西红耐铜锌实业有限公司及周边重金属污染地块	富滩工业园B区	砷、铅	100 005

序号	省份	市（区）	地块名称	地址	主要污染物	面积/m^2
291	江西省	宜春	铜鼓县废弃金矿污染地块	铜鼓县棋坪镇柏树村	砷	28 668
292		抚州	原江西日久电源科技有限公司地块	抚州市东乡区东临工业大道	砷、铅	164 008
293		宜春	高安市田南镇陈村大成自然村桥顶山污染场地	田南镇陈村大成自然村桥顶山江西高安九鑫科技原料厂	铅、砷、镉、氟化物和氨氮	15 741
294		萍乡	原丰远焦化厂旧址地块	湘东区老关镇	铅、镉、汞、砷、铬、苯、甲苯、氯苯、2-氯酚、萘、蒽、氰化物	100 005
295		萍乡	原亿利矿业公司废水处理区及尾渣库地块	芦溪县宣风镇珠亭村	钒、铬	22 795
296		萍乡	神泉乡汇广源冶炼厂地块	莲花神泉乡谭坊村	镉、砷、铅	8 200
297	山东省	济南市	济崮市历下石油化工厂	东至凤岐偏西500 m，南至山东华森凝土有佩公司，西至凤山路，北至世纪大道	—	370 000
298		济南市	山东塑料试验厂原厂	东至蓝星石油济南分公司，南至蓝星石油济南分公司，西至路家村，北至王村	—	200 660

序号	省份	市（区）	地块名称	地址	主要污染物	面积/m^2
299	山东省	青岛市	宜昌路 31 号地块（青岛双桃精细化工集团有限公司）	东邻兴隆路，北隔小路为四方区城市建设维护工程总公司（相距为 500 m），南邻宜昌路隔路为黑钻公馆，西隔绿化带约 70 m 处为胶济铁路	—	169 487
300	山东省	青岛市	宜昌路 31 号地块（青岛德瑞皮化有限公司厂区）	德瑞皮化西、南、北侧邻双桃焦团，东临兴隆路	—	1 641
301	山东省	青岛市	李村河污水处理厂四期扩建项目	市北区环湾辅路以东，李村河污水处理厂以南，青岛绿帆再生建材有限公司以北，镇平一路以西合围区域	—	52 624
302	山东省	淄博市	淄博市周村柳园化工厂	东至农田，西至农田，南至农田，北至田间路	—	7 700

序号	省份	市（区）	地块名称	地址	主要污染物	面积/m^2
303	山东省	淄博市	山东大成农化有限公司原厂址场地A-2区	东侧为保利在建住宅项目，西侧为大成场地A-1地块，南侧为大成场地 A-5 地块，北邻新村东路	—	56 000
304		淄博市	山东大成农化有限公司原厂址场地A-6区	东至东三路，西至大成场地A-5地块，南至洪沟路，北侧为保利在建住宅项目	—	80 000
305		淄博市	山东大成农化有限公司原厂址场地A-1区	东至大成A-2地块，西至金鼎华郡，南至大成A-4地块，北至新村东路	—	55 000
306		淄博市	山东大成农化有限公司原厂址场地A-4区	东至夫成A-5地块，西至原化工技校，南至洪沟路，北侧大成A-1地块	—	63 200
307		淄博市	山东大成农化有限公司原厂址场地A-5区	东至大成A-6地块，西至大成A-4地块，南至洪沟路，北至大成A-2地块	—	54 600

序号	省份	市（区）	地块名称	地址	主要污染物	面积/m^2
308	山东省	东营市	东营市河口区义和镇原奥金化工院内场地	北至季节性水渠，南至省道 S312，东西两侧均为空地	—	8 670
309		烟台市	蓬莱市沙河片区	北邻海滨东路，南邻飞龙工贸，东侧为蓬莱市平山河，西侧为蓬莱古碧桂园小区	—	265 333
310		泰安市	山东晋煤明升达化工有限公司退城进园土壤污染治理与修复地块	厂东侧周公台村，南侧南关村耕地，西侧公司家属院，北侧南外环路	—	186 000
311		聊城市	莘县朝城邵庄瑞达化工有限公司院内	北侧 2 m 为农田，东侧约 5 m 为农田，南侧为邵庄村，西侧为树林	—	581
312		滨州市	山东侨昌化学有限公司原厂址	东至渤海一路，西至滨州古污水处理厂，南至侨昌家丰北至黄河十四路	—	108 558

序号	省份	市（区）	地块名称	地址	主要污染物	面积/m^2
313	山东省	滨州市	惠民军博塑料助剂有限公司	东至山东洪森家具有限公司西 120 m，南至解陈路 100 m，西至 034 县道东 60 m，北至山东钰鑫金属磨料有限公司南 180 m	—	18 500
314	河南省	郑州市	郑州兰博尔科技有限公司	管城回族区城东南路 57 号	—	140 000
315		三门峡市	义马市振兴化工厂梁沟渣场污染场地	义马市北部青龙山山顶	—	30 500
316		三门峡市	义马市振兴化工厂老厂区污染场地	义马市人民路西段	—	77 000
317		信阳市	原信阳化工总厂农药厂地块	浉河区浉河北路与春华路交叉口	—	35 333.35
318		许昌市	宏源（许昌）焦化有限公司老厂区地块	许昌市襄城县紫云镇坡刘村	—	6 666.7
319	湖北省	武汉市	原武汉冶炼厂场地	江岸区谌家矶大道	—	165 300
320		武汉市	原武汉青江化工股份有限公司场地	青山区临江大道 862 号	—	36 500
321		武汉市	原葛店化工厂场地	东湖高新区左岭镇西北部	—	575 000

序号	省份	市（区）	地块名称	地址	主要污染物	面积/m²
322	湖北省	武汉市	原武昌汽车标准件厂场地	东湖高新区流芳老街	—	29 000
323		武汉市	原武汉市江汉区双虎涂料厂污染场地	江汉区唐家墩与香港路交会处	—	4 000
324		黄石市	原大冶市化肥厂污染地块	黄石市大冶东岳街办城西路 43 号	—	32 171
325		黄石市	原湖北新冶钢有限公司东钢厂区污染地块（二期）	黄石市下陆区发展大道 50 号	—	339 333
326		黄石市	原建益公司污染地块	阳新县经济开发区银山村	—	11 355
327		黄石市	下陆长乐山工业园区 1#污染地块	下陆区新下陆街道长乐工业园区大广连接线	—	62 100
328		黄石市	原金帆化工厂污染地块	黄石市延安路 37 号	—	19 000
329		黄石市	原银源矿业污染地块	开发区大王镇上刘村，距离大王镇政府 240 m，距离上汪村 190 m	—	35 109.07
330		黄石市	原金宝矿业污染地块	开发区大王镇以西 2 km，上道塘村以北 50 m	—	116 141

序号	省份	市（区）	地块名称	地址	主要污染物	面积/m^2
331	湖北省	黄石市	原鑫旺冶炼厂污染地块	开发区大王镇下海村，距离曹刘村300 m，距离垄三村200 m	—	1 045.71
332		黄石市	原冠宇冶炼厂污染地块	开发区大王镇西北6 km，中庄镇以北2.5 km，程家村以北560 m	—	46 461.51
333		黄石市	原加利冶炼厂污染地块	开发区大王镇上街村，距离细朱容200 m	—	44 948.09
334		黄石市	原富诚冶炼厂污染地块	开发区太子镇，东距太子镇约5 km，西距大王镇约3 km	—	26 287.2
335		黄石市	原星火冶炼厂污染地块	开发区太子镇，东距太子镇约5 km，西距大王镇约3 km	—	4 660.43
336		襄阳市	襄阳泽东化工集团有限公司原厂址	襄州区航空路2号	—	141 000
337		荆州市	荆州市博尔德化学有限公司	三湾路	—	30 666.67
338		荆州市	松滋市南海化工股份有限公司	松滋市南海镇公交路35号	—	11 880

序号	省份	市（区）	地块名称	地址	主要污染物	面积/m^2
339	湖北省	荆州市	松滋市金松化工有限公司	松滋市新江口镇城北工业园创业路1号	—	12 619.34
340		荆州市	湖北松春化工股份有限公司	松滋市沙道观镇松春路56号	—	5 040
341		荆州市	湖北启星化工有限公司	松滋市涴水镇大桥街西火路76号	—	54 000
342		荆州市	松滋市丽松林化厂	松滋市刘家场镇龙潭路2号	—	4 064
343		荆门市	沙洋武汉富泰革基布有限公司卷桥厂区	沙洋县开源大道 60号	—	91 332
344		荆门市	荆门市福岭化工有限公司	荆门市掇刀区白庙街道办事处江山村周福岭	—	97 600
345		荆门市	湖北省钟祥市第二农药厂	洋梓镇中山工业小区	—	18 508.21
346		荆门市	天邦净水材料有限公司	东宝区子陵铺镇红庙村14组	—	400 000
347		孝感市	湖北省黄麦岭磷化工有限责任公司	孝感市大悟县阳平镇黄麦岭	—	7 500
348		孝感市	大悟历史遗留土法炼砷污染地块	孝感市大悟县阳平镇柳林村	—	12 000

序号	省份	市（区）	地块名称	地址	主要污染物	面积/m²
349	湖北省	黄冈市	罗田县老化肥厂工业污染场地	黄冈市罗田县凤山镇	—	152 400
350		仙桃市	三伏潭镇杀鼠剂作坊历史遗留场地	仙桃市三伏潭镇李台村	—	19 300
351	湖南省	长沙市	原长沙铬盐厂	长沙市岳麓区	六价铬、砷、锌、汞、镍	170 009
352		株洲市	株洲邦化化工有限公司原厂址	株洲市石峰区湘珠路 131 号	四氯化碳、氯仿、二氯甲烷、五氯酚、苯并[a]芘、1,1-二氯乙烯、1,2-二氯乙烷、镉、铅、砷、镍	20 961
353		株洲市	株洲福尔程化工有限公司原厂址	株洲市石峰区湘珠路 1312 号	镉、铅、砷、汞、镍、乙苯、四氯化碳、1,2-二氯乙烷、1,1,2-三氯乙烷、1,2,3-三氯丙烷、氯仿、五氯酚	31 795
354		株洲市	株洲京西祥隆化工有限公司原厂址	株洲市石峰区湘珠路 133 号	铅、镉、四氯化碳、氯仿、五氯酚、苯并[a]芘、氯乙烯、1,1-二氯乙烯、二氯甲烷、1,2-二氯乙烷	27 408
355		株洲市	株洲华瑞实业有限公司原厂址	株洲市石峰区新桥村	镉、汞、砷、铅	27 328
356		株洲市	株洲鑫正有色金属有限公司原厂址	株洲市石峰区铜霞路 295 号	镉、铅、砷	35 048
357		常德市	常德湘联实业有限责任公司原厂址	常德市 64 武陵区沅安西路 2099 号	砷、镉、汞、锌、铅	27 095

序号	省份	市（区）	地块名称	地址	主要污染物	面积/m^2
358	湖南省	湘潭市	南天化工厂西厂区	湘潭市岳塘区昭山乡	砷、镉、六六六、滴滴涕、苯等	145 021
359		湘潭市	南天化工厂东厂区	湘潭市岳塘区昭山乡	镉、砷、汞、1,2,3-三氯丙烷	120 006
360	广东省	广州市	广东煤炭地质局嘉禾基地大院地块	广州市白云区均禾街，华南快速干线北侧 400 m，机场高速东侧 200 m	—	189 600
361		广州市	广州广船国际有限公司一期地块	广州市芳村大道南 40 号	—	123 800
362		广州市	鱼珠木材市场交储地块	广州市市黄埔区黄埔大道东路 838 号	—	71 238 .48
363		广州市	天河区东圃小新塘果园场第一宗地地块	广州市天河区大观中路东侧约 300 m，沈海高速南侧约 200 m	—	32 859.81
364		广州市	广州市新中华家私厂地块	广州市荔湾区新隆沙西路 56 号	—	11 342.25
365		广州市	广州建设机器厂地块	广州市荔湾区新隆沙西路 1 号	—	33 663.98

序号	省份	市（区）	地块名称	地址	主要污染物	面积/m^2
366	广东省	广州市	广州市天河区广园东路旧改地块	广州市天河区棠兴街 18 号	—	170 688.1
367		广州市	广州市天河区牛利岗北街 168 号梅花铝材厂地块	广州市天河区牛利岗北街 168 号	—	106 513
368		广州市	广州市东富有经济发展有限公司地块	广州南沙开发区西部工业区工业四路	—	29 298.8
369	广西壮族自治区	贵港市	桂平市福利锰粉厂旧址污染场地	桂平市寻旺乡河南村	砷、锑、锰	5 235.9
370		柳州市	柳州市原长塘空军靶场一期地块	柳北区长塘镇青茅村	锑、砷、镉、铅、六价铬、总石油烃	203 500
371		柳州市	柳州空气压缩机总厂退役场地	柳北区北雀路 129 号	砷、总石油烃、铅、镍、钴、六氯环戊二烯、苯并[a]芘	278 660
372		柳州市	原柳州长安锌品有限责任公司未出让地块	融安县长安红卫路 99 号	铜、镍、锌、锑、铅、镉、砷、汞	44 088.7
373		柳州市	原柳州市新兴农场第一化工厂场地	柳江区柳石路新兴医药东面 500 m 山坳处	砷、铅	53 333
374		桂林市	灌阳金鑫有色金属综合回收有限责任公司铅锌有色金属选矿厂场地	灌阳县文市镇马莲村 002 号	砷、镉	8 600
375		贺州市	钟山县原永丰化冶厂同古车间污染场地	钟山县同古镇和平村牛角岭	砷	10 127.9

序号	省份	市（区）	地块名称	地址	主要污染物	面积/m^2
376	广西壮族自治区	贺州市	钟山县原永丰化冶厂回龙车间场地	钟山县回龙镇牛塘工业区	砷、铅、钼	38 547
377		贺州市	钟山县金易冶炼有限责任公司旧址污染场地	钟山县钟山镇西路	砷、铊	37 297.59
378		南宁市	南南铝业股份有限公司搬迁一期东地块	南宁市亭洪路 55 号	砷、镍、铅	55 971.33
379		柳州市	广西方盛实业股份有限公司场地	柳州市桂柳路 39 号	砷、石油烃	52 033.33
380		桂林市	桂林市九华山 A-1（原桂林火柴厂）地块	桂林市九华路 13 号	锑	30 899
381	重庆市	大渡口区	重庆有机化工厂	大渡口区临江村	苯、苯并[*a*]芘、总石油烃、铅、汞	200 000
382		大渡口区	重庆钢铁(集团)有限公司焦化厂(含精苯厂地块）	大渡口区临江村	镉、铜、锌、苯、萘、菲、苯并[*a*]蒽、2-甲基萘、苯并[*b*]荧蒽、苯并[*k*]荧蒽、苯并[*a*]芘、二苯并[*a,h*]蒽和茚并[1,2,3-*cd*]芘、咔唑、1,2,4-三甲基苯、氰化物、二苯并呋喃、砷、铅、总石油烃	481 571
383		大渡口区	大渡口重钢片区 L26/02 地块（原重钢动力厂煤气柜区域）	大渡口区钢铁支路	汞、䓛、萘、苊、苯并[*a*]蒽、苯并[*a*]芘、苯并[*b*]荧蒽、苯并[*k*]荧蒽、二苯并[*a,h*]蒽、茚并[1,2,3-*cd*]芘	40 115

序号	省份	市（区）	地块名称	地址	主要污染物	面积/m²
384	重庆市	大渡口区	重钢片区炼钢厂	大渡口区钢铁路	砷、汞、铅、镍、苯并[*a*]芘、苯并[*a*]蒽、二苯并[*a*,*h*]蒽、苯并[*b*]荧蒽、茚并[1,2,3-*cd*]芘	284 269
385		大渡口区	重庆中豪金属涂装有限公司	大渡口区建胜镇茄子溪	六价铬、镍	5 287
386		大渡口区	重庆市大渡口长江电镀厂	大渡口区柏树堡 3 号	镍、六价铬、苯并[*a*]芘氰化物、砷、镉、锑	4 000
387		江北区	江北区黑石子仓库原址	江北区寸滩黑石子	氰化物、砷、镉、锑	53 069
388		江北区	重庆长安运输有限责任公司汽车维修中心原址场地	江北区劳动一村 1 号	石油烃（C_{10}～C_{40}）	4 297
389		南岸区	重庆轨道交通（集团）有限公司涂山车辆段（富力现代广场 C 地块）场地	南岸区弹子石弹广路	挥发性有机物和半挥发性有机物	19 080
390		南岸区	南岸区南坪镇杨家山片区建设用地 9 号地块、横八路、横八路延长段及纵二路（部分）场地	南岸区罗家坝杨家山	铅、镉、苯并[*a*]芘、石油烃	113 938
391		南岸区	南岸区南坪镇杨家山片区建设用地 5 号地块	南岸区罗家坝杨家山	苯并[*a*]芘	77 991
392		南岸区	重庆川东化工（集团）有限公司化学试剂厂原址	南岸区鸡冠石镇纳溪沟村 37 号	锌、苯、氯仿、三氨乙烯、1,2-二氯乙烷、四氯化碳	74 924

序号	省份	市（区）	地块名称	地址	主要污染物	面积/m^2
393	重庆市	南岸区	重庆江南化工有限责任公司原址	南岸区鸡冠石镇盘龙山 68 号	六价铬	29 772
394		巴南区	鸡公台垃圾填埋场	巴南区龙洲湾街道团结村	砷、镉	9 608.1
395		北碚区	重庆日月医疗有限公司原址场地	北碚区东阳街道石子山	汞	23 893
396		沙坪坝区	重庆市沙坪坝区永华电镀厂	沙坪坝区土主镇五一村	铅、六价铬、镍、锌、铜、镉	5 588.121
397		沙坪坝区	重庆民丰化工有限责任公司原址场地	沙坪坝区半边街	总铬、六价铬	320 000
398		沙坪坝区	重庆钢铁集团耐火材料有限责任公司原址	沙坪坝区双碑街道	砷	102 636
399		沙坪坝区	中国嘉陵工业股份有限公司（集团）原址部分地块	沙坪坝区双碑自由村 100 号	六价铬、铜、铅、镍、锌、邻二甲苯、锑、总石油烃	678 000
400		沙坪坝区	重庆红岩纺织机械厂（沙坪坝组团 B22-1 号地块部分）	沙坪坝区杨公桥白鹤岭 7 号	石油烃和锰	22 481
401		沙坪坝区	重庆井口农药有限公司	沙坪坝区井口经济桥 119 号	苯、苯并[b]荧蒽、苯并[a]芘和二苯并[a,h]蒽	7 233
402		沙坪坝区	重庆市农业生产资料（集团）有限公司井口仓库	沙坪坝区井口镇经济桥	α-六六六、β-六六六、狄氏剂、艾氏剂、七氯	7 904

序号	省份	市（区）	地块名称	地址	主要污染物	面积/m^2
403	重庆市	沙坪坝区	重庆锻造厂	沙坪坝区上桥五星村 1 号	苯并[a]芘、石油烃（C_{10}～C_{40}）	28 068
404		九龙坡区	重庆黄桷坪电镀厂	九龙坡区黄桷坪新市场铁路新村	锌、镍、六价铬	6 433
405		九龙坡区	重庆起重机厂	九龙坡区中梁山人和场	六价铬、铅、锰、苯并[a]蒽、苯并[a]芘、二苯并[a,h]蒽、苯并[b]荧蒽、茚并[1,2,3-cd]芘、四氯乙烯、1,2-二氯乙烷、石油烃	137 320
406		九龙坡区	重庆市明鑫机械制造有限公司	九龙坡区石坪桥荒沟八村	苯、苯并[a]芘、石油烃	64 196
407		九龙坡区	重庆西站铁路综合交通枢纽九龙坡区配套土地 D18-1/05 12 个地块（D7-1-1/05、D7-1-2/05、D7-2/05、D7-3-1/05、D7-3-2/05、D7-4/05、D7-6/05、D7-7-1/05、D7-7-2/05、D18-1/05、D18-2/05 地块全部及 D17-1/05 地块部分区域）	九龙坡区中梁山街道	砷、六价铬、苯并[a]芘、石油烃（C_{10}～C_{40}）	223 854
408		渝北区	重庆梦之诗服饰有限公司原址（渝北区两路组团 F 标准分区 F24-1 地块）	渝北区空港新城春华大道	砷、六价铬、总石油烃	32 227
409		渝北区	重庆市渝北区两路组团 F23-2/03 地块	渝北区空港新城模具园睦邻路腾芳大道交口北行 40 m	铜、砷、石油烃	45 300

序号	省份	市（区）	地块名称	地址	主要污染物	面积/m^2
410	重庆市	巴南区	重庆市巴南区华利制版厂原址场地	巴南区花溪镇先锋村 8 社	六价铬	1 360
411		两江新区	江北化肥厂原址	两江新区悦来街道清溪口一号	砷、苯、苯并[a]芘	115 228
412		江津区	重庆市鹏程钢铁有限公司	江津区双福工业园区	镉、锌、锰、铅、总石油烃	81 372
413		江津区	重庆江津区长风机械厂原址东关路地块	江津区鼎山街道	铅	20 189
414		永川区	永川区卫星湖街道义利润滑油加工厂	永川区卫星湖街道大竹溪村百乐八社	砷、苯并[a]芘、石油烃	2 500
415		大足区	大足县宏元金属材料股份有限公司原址场地	大足区邮亭镇长河社区居委会长河五组	铅、镉、砷、镍	14 236.7
416		双桥区	双桥经开区城市生活垃圾填埋场	双桥区龙滩子街道太平村石猪湾	总铬、六价铬、锑、汞、铜、镍、砷	72 279
417		万州区	重庆三阳化工有限公司	万州区龙都街道金陵路 1 号	镍、1,2-二氯乙烷	189 100
418		南川区	南川区凤嘴江北部区域 A-13-1 地块	南川区东城街道南涪路	六价铬、镍、多氯联苯	94 900
419		璧山区	重庆市璧山区来凤街道原天灯煤矿 A2 地块	璧山区来凤街道孙河村五组	苯、石油烃	5 510

序号	省份	市（区）	地块名称	地址	主要污染物	面积/m^2
420	重庆市	铜梁区	重庆天志环保有限公司西泉危险废物中转站原址	铜梁区虎峰镇进士村 319 国道旁	α-六六六、β-六六六、δ-六六六和γ-六六六	35 043
421	重庆市	潼南区	重庆新华化工有限公司、重庆市万利来化工股份有限公司原址	潼南区桂林街道	砷、汞、总石油烃	345 350
422	重庆市	梁平区	重庆开元化工有限公司原址	梁平区屏锦镇	锰、铜、汞、苯、苯并[a]蒽、苯并[b]荧蒽、苯并[a]芘、茚并[1,2,3-cd]芘和二苯并[a, h]蒽	97 900
423	重庆市	武隆区	武隆县捷利化工有限责任公司原址	武隆区羊角镇新滩街	砷、氟化物	42 739
424	重庆市	武隆区	武隆县长欣水泥有限责任公司原址	武隆区羊角镇新滩街	苯并[a]芘、苯并[b]荧蒽、茚并[1,2,3-cd]荧蒽、二苯并[a, h]蒽	20 006
425	重庆市	巫溪县	巫溪县原垃圾填埋场	巫溪县城厢镇白鹅村	砷、锑、六价铬、苯并[a]芘、苯并[a]蒽、苯并[b]荧蒽、二苯并[a, h]蒽、茚并[1,2,3-cd]芘、乐果、艾氏剂	20 000
426	重庆市	巫溪县	重庆市巫溪县宏达化工有限公司	巫溪县城厢镇	砷、可溶性氟化物	15 650
427	四川省	成都市	成都科尔达皮业有限责任公司地块	成都市崇州市梓潼镇兴裕街	六价铬	9 062.05
428	四川省	成都市	成都市千瑞达制革有限责任公司地块	成都市崇州市梓潼镇天寿村和兴裕社区	六价铬	36 077

序号	省份	市（区）	地块名称	地址	主要污染物	面积/m²
429	四川省	成都市	华福润滑油厂废旧场地地块	成都市蒲江县鹤山街道天华社区龙头村1队	石油烃	8 524.8
430		成都市	成都宁江昭和汽车零部件有限公司老厂区地块	成都市龙泉驿区十陵街办蜀王大道8号	六价铬、石油烃、乙苯、间二甲苯和对二甲苯	27 333.31
431		成都市	四川宁江山川机械有限责任公司退役场地	成都市龙泉驿区十陵街办蜀王大道北段18号	六价铬	107 999.99
432		德阳市	德阳市锦程化工有限公司原址地块	德阳市旌阳区八角井镇柳风村	锑、铅、镉、汞、砷、石油烃、苯、萘	5 000
433		德阳市	德阳市海宏化工有限责任公司原址地块	德阳市旌阳区八角井镇柳风村村委会川东路72号	汞、镍、铅、锑、镉、砷	6 666.67
434		德阳市	德阳市南邡再生资源有限公司原址地块	德阳市旌阳区八角井镇柳风村二组	铜、镍、锑、铅、镉、汞、砷	26 668
435		广安市	华蓥市华蓥山景区工业企业场地地块	广安市华蓥市溪口镇觉庵村	砷、铅、六价铬、苯	150 600
436		广元市	原广元农药厂场地地块	广元市剑阁县高观乡	乐果、苯、乙苯、间二甲苯、对二甲苯	3 248
437		广元市	四川星荣焦化有限公司地块	广元市昭化区元坝镇胜利村	多环芳烃	24 500

序号	省份	市（区）	地块名称	地址	主要污染物	面积/m^2
438	四川省	凉山州	四川康西铜业有限责任公司地块	凉山州西昌市安宁镇	铅、镉、砷	24 000.12
439		凉山州	四川西昌合力锌业股份有限公司地块	凉山州西昌市安宁镇	铅、镉、汞、砷	295 368.14
440		凉山州	西昌大梁矿业冶炼有限责任公司地块	凉山州西昌市西乡乡新庄村	镉、苯、三氯乙烯、三氯甲烷	209 018.26
441		泸州市	泸州市江阳区太极机电有限公司地块	泸州市江阳区茜草街道蓝茜路 886 号	六价铬、铅	2 571.7
442		泸州市	泸州市铬渣场地地块	泸州市龙马潭区罗汉街道群丰村	六价铬	43 661.77
443		南充市	蓬安县金鹰电化有限公司地块	南充市蓬安县相如镇团结村	镍	28 814
444		南充市	西充县西碾乡农药厂地块	南充市西充县西碾乡场镇	敌敌畏、滴滴涕、苯	6 348
445		南充市	南充炼油厂地块	南充市顺庆区石油东路 1 号	1,2,3-三氯丙烷、砷、氯乙烯、一溴二氯甲苯、2,4-二硝基甲苯、石油烃	521 367.22
446		遂宁市	遂宁市射洪县富士电机公司原址地块	遂宁市射洪县平安街道平安村十一社	氰化物、六价铬、镍、铜、石油烃	15 656.2
447		遂宁市	遂宁市船山区保升乡农药厂废弃场地地块	遂宁市船山区保升乡	铅、砷	6 775.6

序号	省份	市（区）	地块名称	地址	主要污染物	面积/m^2
448	四川省	宜宾市	四川华电黄桷庄发电有限公司黄桷庄电厂原址地块	宜宾市翠屏区翠柏大道	石油烃、砷、镍、汞、铜、铅	562 666.7
449	四川省	宜宾市	宜宾原天原化工老厂区历史遗留场地地块	宜宾市翠屏区下江北中元路1号	镍、砷、汞、六价铬	510 547
450	四川省	达州市	达州市福鑫冶炼有限责任公司焦化厂关闭地块	达州市万源市沙滩镇五村二社	多环芳烃、萘	27 142.5
451	四川省	巴中市	通江县废弃垃圾填埋场地块	巴中市通江县诺江镇城南村七社	铅、石油烃、多氯联苯	61 502.8
452	贵州省	贵阳市	首钢贵钢老区棚户区改造项目	北至贵阳第二机场高速（油榨街），西至嘉润路（路以西为南岳山），东至富源北路，南至炮台山	锑、砷、镉、铜、镍、锌、铅、汞、VOCs、SVOCs	1 245 340
453	贵州省	贵阳市	贵州轮胎股份有限公司	东至金坡路，西至贵州天地物流市场，南邻沙河，北至百花大道	砷、镉、铬、铅、镍、VOCs、总石油烃	389 046
454	贵州省	贵阳市	东方电镀厂	东面：公路，南面：美联公司，西面：实验三中，北面：农房	氰化物、石油烃、锑、砷、镉、铜、镍、锌、铅、汞、VOCs、SVOCs	1 927

序号	省份	市（区）	地块名称	地址	主要污染物	面积/m^2
455	贵州省	贵阳市	贵州轮胎股份有限公司前进分公司	北至贵州女子职业学校，南至百花大道，东至马路，西至百花大道	砷、镉、铬、铅、镍、VOCs、总石油烃	34 930
456		贵阳市	浪风关垃圾填埋场	东至清溪路，西至安置小区，北至拆迁房，南至采石场	氟化物	57 698
457		贵阳市	贵州铝厂有限责任公司原电解铝厂、碳素厂、动力厂场地	北至铝兴北路，西至铝兴南路，南至唐家山，东至中坝	砷、镍、汞、苯并[a]芘、苯并[a]蒽	1 433 319
458		贵阳市	原水晶集团汞法醋酸车间	106.478 301，26.540 537 106.474 481，26.539 743 106.475 919，26.536 985 106.476 949，26.538 466	汞	53 333
459		贵阳市	清镇市青龙村受汞污染地块	106.472 507，26.549 377 106.467 422，26.544 828 106.469 117，26.541 416 106.473 451，26.540 558	汞	321 600

序号	省份	市（区）	地块名称	地址	主要污染物	面积/m^2
460	贵州省	遵义市	贵州航天精工制造有限公司	东邻联关村零散居民点（18户）、原新蒲至团泽乡道以及原3412厂职工生活区，东北侧约210 m处为遵义市第四十八中学，南邻联关村零散村民（10户）和耕地，西邻府前路，北邻自然山体和府前路	氟化物、镉、砷、铬、镍、锌、总石油烃	243 953
461	贵州省	遵义市	遵义精星航天电器有限责任公司	东邻自然山体和耕地，北面为乡村道路，西面原3412厂职工生活区和原3536厂职工生活区，生活区西北角为遵义市第四十八中学，南面为自然山体和耕地	氟化物、镉、砷、铬、镍、锌、总石油烃	277 926.5
462	贵州省	遵义市	遵义天久废旧物资冶化厂	饮用水水源一级保护区范围	土壤：砷、镉；地下水：六价铬	2 400

序号	省份	市（区）	地块名称	地址	主要污染物	面积/m^2
463	贵州省	遵义市	贵州省遵义市汇川区海礁硫酸有限公司	饮用水水源二级保护区范围内	土壤：砷、氯化物；地下水：砷、铅、铬、镍、锌、铊	39 320
464		遵义市	原务川汞矿（板场地块）	108.027 583，28.595 611，108.022 639，28.590 444 108.032 778，28.597 778 108.022 917，28.592 472	汞	66 667
465		遵义市	原务川汞矿（木油厂地块）	107.992 611，28.560 472 107.989 611，28.559 167 107.991 917，28.559 722 107.988 056，28.564 444	汞	30 666.82
466		遵义市	原务川汞矿（罗溪地块）	107.94 250，28.54 083 107.943 611，28.551 389 107.945 556，28.549 167 107.941 389，28.548 333	汞	743 337.1

序号	省份	市（区）	地块名称	地址	主要污染物	面积/m^2
467	贵州省	遵义市	湄潭县化肥厂	东至人行道路，南至茅黄公路，西至新桥村民组责任地，北至湄江河	氟化物、硫、磷、铁、锰、砷、钒、C_{10}～C_{40}	49 442
468	贵州省	毕节市	赫章县恒宇锌铁有限公司冶炼厂	东：212 省道，南：小河，西：空地，北：空地	铅、砷	10 470.98
469	贵州省	毕节市	赫章县林宜铅锌冶炼有限公司铅厂	东：326 国道，南：326 国道，西：耕地，北：耕地	铅、砷	5 769.76
470	贵州省	毕节市	赫章县富元科技有限公司	东：耕地，南：沟，西：耕地，北：耕地	铅、砷、镉	25 230.21
471	贵州省	毕节市	赫章县鑫垚建筑材料有限公司（原赫章县凯捷锌业有限公司）	东面靠山，南面靠卸旗村耕地，西面、北面靠 326 国道	铅、砷、镉	8 949.8
472	贵州省	铜仁市	贵州大龙银星汞业有限责任公司	东至麻音塘，西邻草坪村，南邻空地，北邻曹家组	汞	50 000

序号	省份	市（区）	地块名称	地址	主要污染物	面积/m^2
473	贵州省	铜仁市	思南县许家坝炼焦废弃工业用地	108.077 252，27.811 090 108.075 841，27.809 804 西至六池河岸 108.076 587，27.812 381	镉、铬	77 926.6
474	贵州省	铜仁市	思南县大河坝镇坡下组雄黄废渣场	108.197 074，27.894 429 108.195 999，27.893 985 108.195 218，27.893 936 108.195 787，27.894 969	土壤：砷、镉、铅、铬	26 842
475	贵州省	黔西南州	兴仁县回龙镇灶矾山铊污染源头治理工程	东与贞丰县长田、小屯乡相连，西与大山镇、新马场镇毗邻，北接贞丰县北盘江镇、平街乡，南连接贞丰县龙场镇	铊、汞、砷、锑	153 180

序号	省份	市（区）	地块名称	地址	主要污染物	面积/m^2
476	贵州省	黔东南州	贵州铁路锌厂	东靠清水江，南靠清水江，北靠清水江，西靠山体	钒、铜、镍、锑、铅、镉砷、钴、汞	190.8
477	贵州省	黔南州	福泉市东鑫化肥厂	东面靠近马遵公路，各厂区均有道路与之相接。南面有湘黔、黔桂两线穿境而过	锌、砷、铬、镍、铜、汞	8 671
478	贵州省	黔南州	福泉市磷兴化肥厂	东面靠近马遵公路，各厂区均有道路与之相接。南面有湘黔、黔桂两线穿境而过	氟化物、氰化物、pH（酸）、Zn、As和Cr、Pb、Ni、Cu、Hg	10 068
479	贵州省	黔南州	福泉市凯立德化工厂	东面靠近马遵公路，各厂区均有道路与之相接。南面有湘黔、黔桂两线穿境而过	氟化物、氰化物、pH（酸）、Zn、As和Cr、Pb、Ni、Cu、Hg	9 462
480	贵州省	黔南州	贵州福泉化工有限责任公司	东侧与205省道相连，南侧与210国道和沪昆高速相接，东南角处有湘黔线福泉马场坪站	Pb、Zn、As、总氰	8 452

序号	省份	市（区）	地块名称	地址	主要污染物	面积/m^2
481	贵州省	黔南州	贵州福泉红星化工厂有限责任公司	东侧与 205 省道相连，南侧与 210 国道和沪昆高速相接，东南角处有湘黔线福泉马场坪站	Pb、Zn、As、总氟	4 881
482		黔南州	贵州福泉福星化肥厂有限责任公司	东侧与 205 省道相连，南侧与 210 国道和沪昆高速相接，东南角处有湘黔线福泉马场坪站	Pb、Zn、As、总氟	14 114
483		黔南州	贵州福泉黔宇化工厂有限责任公司	东侧与 205 省道相连，南侧与 210 国道和沪昆高速相接，东南角处有湘黔线福泉马场坪站	Pb、Zn、As、总氟	9 139
484		黔南州	福泉市原硫酸厂	东面靠近马遵公路，各厂区均有道路与之相接。南面有湘黔、黔桂两线穿境而过	Pb、Zn、As、总氟	9 551

序号	省份	市（区）	地块名称	地址	主要污染物	面积/m^2
485	贵州省	黔南州	贵定县盘江镇红旗村昆山昆化贵定化工厂遗址	堆场地块位于U型凹槽，西北向、东南向抵山体，西南向至（107.137 578°E、26.462 313°N），东北向至（107.140 839°E、26.465 271°N）	镍、镉、钴	18 000
486		黔南州	峨眉山市金成炉料有限公司长顺分公司	北至民主路，南至山脚，北纬N26°01′52.86″，东经E106°26′30.93″；西至建设路，东至农机场、县委党校边界，北纬N26°01′56.48″，东经E106°26′37.11	砷、铬、铅、汞、镍	85 000
487	云南省	昆明市	昆明焦化制气有限公司地块	官渡区大板桥	苯系物、多环芳烃、石油烃	703 670.2
488		昆明市	云南红云氯碱有限公司地块	安宁市连然镇大屯	汞	718 600
489		曲靖市	云南省陆良县龙海化工有限责任公司地块	陆良县西桥工业片区	砷、镉、汞、镍、总石油烃	247 492

序号	省份	市（区）	地块名称	地址	主要污染物	面积/m^2
490	云南省	曲靖市	云南驰宏锌锗股份有限公司会泽分公司者海关闭厂区地块	会泽县者海镇	镉、砷、铅、锌、六价铬	530 000
491		保山市	腾冲恒丰矿业有限责任公司飞龙电锌厂地块	腾冲市石头山工业园区	镉、铅、砷	18 140
492		丽江市	云南华盛化工有限公司关闭后地块	华坪县荣将镇	氨氮、砷、总石油烃类	157 984.2
493		楚雄州	原牟定县渝滇化工有限责任公司历史遗留重金属污染地块	牟定县共和镇	六价铬、砷	64 000
494		红河州	蒙自市原氮肥厂地块	蒙自市市区	砷	40 000
495		文山州	云南文山金驰砒霜有限公司地块	文山市马塘镇黑末村委会播烈村	砷	35 000
496	陕西省	宝鸡市	陕西秦岭铜厂地块	东至光芒村，西至大众村，北至宝鸡峡引渭渠，南至虢镇建国路	铅、镉、锌、砷、镍、铜、汞	—
497		西安市莲湖区	西安西化氯碱化工有限责任公司666生产车间地块	雁塔区昆明路西段两侧，阿房路以东，汉城南路（丈八北路）以西，规划路以北，红光路以南	六氯苯、六六六和多氯联苯	—

序号	省份	市（区）	地块名称	地址	主要污染物	面积/m^2
498	甘肃省	兰州	大红沟红矾钠厂铬渣污染场地	西固河口镇大红沟	六价铬、总铬、镍	59 600
499		兰州	甘露池黄金尾矿砂污染场地	兰州市永登县上川镇甘露池村	砷、镉、铅、铜、锌	21 300
500		兰州	永青化工厂污染场地	兰州市永登县中堡镇中堡村	六价铬	26 000
501		天水	原鑫烨化工有限公司重金属污染地块	红堡镇毕家村	砷、镉、汞、铅、锌	38 000
502		嘉峪关	甘肃民丰化工有限责任公司地块	嘉峪关市祁源路516号	六价铬	432 500
503		酒泉	瓜州县白墩子历史遗留无主金矿尾矿污染场地	瓜州县西湖乡白墩子	氰化物、汞、砷	42 210
504		酒泉	酒泉同福化工有限公司历史遗留铬污染场地	玉门东镇	铬	32 000
505		张掖	原民乐铬盐厂旧厂区	张掖市民乐县城区	六价铬	46 700
506		张掖	原民乐铬盐厂堆渣场	张掖市民乐县民联镇破山嘴	六价铬	47 000
507		庆阳	原马岭炼厂	庆阳市庆城县马岭镇三里桥北 1 km	石油烃	28 812
508		庆阳	庆阳石化公司老厂区	庆阳市庆城县三十里铺	石油烃	127 916

序号	省份	市（区）	地块名称	地址	主要污染物	面积/m^2
509	甘肃省	庆阳	原正宁恒强铅业有限公司遗留厂址	正宁县五顷塬乡孟河村塬子组	镉	15 366
510		白银	甘肃银光化学工业集团有限公司污染场地	高技术产业园区银光路1号	TNT、DNT、二硝基甲苯磺酸钠	73 333
511		白银	白银昌元化工有限公司含铬污染场地	银山路111号	六价铬	300 000
512		白银	白银新乐雅陶瓷有限公司（旧厂址）	电力路街道水沟沿	石油烃、萘、苯并芘	1 010.1
513		陇南	石鸡坝镇剪子坪土壤污染地块	文县石鸡坝镇剪子坪村	砷、镉	104 000
514		陇南	徽县江洛镇刘坝铅锌选矿厂历史遗留土壤污染地块	徽县江洛镇刘坝村	铅、锌、镉、汞、砷	9 324
515		陇南	西和县洛峪镇铅锌选矿厂历史遗留土壤污染地块	西和县洛峪镇马河村	铅、锌、汞、砷、锑	10 350
516		临夏	永靖县西河镇铅锌冶炼厂旧址污染场地	永靖县西河镇沈王村西南方向约500 m	铅、砷、镉	5 870
517		甘南	甘南舟曲宏达矿业有限公司	甘南州舟曲县坪定乡坪定村	砷、镉、汞	92 000
518	青海省	西宁市	七一路西延长段铬渣堆放场	城西区七一路西延长段	—	9 400
519		西宁市	原青海铁塔制造有限公司原酸洗及镀锌车间	西宁市城中区南川东路31号	—	708

序号	省份	市（区）	地块名称	地址	主要污染物	面积/m^2
520	青海省	西宁市	原湟中鑫飞化工铬盐厂污染场地	湟中县田家寨村谢家村	—	32 000
521		西宁市	原中星化工有限公司关停企业污染场地	西宁市城东区八一东路5号	—	70 000
522		西宁市	付家寨原铬渣堆放场	西宁市城东区付家寨山	—	49 000
523		西宁市	原青海谦信化工有限公司和东胜化工有限责任公司遗留地块	西宁市城东区朱家庄路4号	—	168 650
524		海北州	海晏县原海北化工城地块	海晏县哈勒景乡永丰村	—	90 388
525	宁夏回族自治区	中卫市沙坡头区	原宁夏明盛染化有限公司地块	东起场地渣场，西至迎闫公路边绿化带，南起场地南部隔离墙，北至沙漠大道南侧绿化带	土壤：pH、硫酸盐；地下水：COD、pH、色度、硫酸盐	374 270
526	新疆维吾尔自治区	乌鲁木齐市	新疆昊鑫锂盐厂原厂区地块	北邻远洋花园小区，南邻规划道路，东邻兰新铁路及G314高速，西邻天山水泥厂原址	汞、砷、镍、铍、石油类	59 652

注：本表以各省份生态环境厅（局）官方网站公布数据为准，统计截至2019年12月31日。各省公布的污染地块的面积统一换算为平方米。

参考文献

[1] American Society for Testing and materials. Standard practice for direct push technology for volatile contaminant logging with the membrane interface probe（MIP）[S]. ASTM D，2012（2012）：7352-7357.

[2] Brus D，Spatjens L，De Gruijter J. A sampling scheme for estimating the mean extractable phosphorus concentration of fields for environmental regulation[J]. Geoderma，1999，89（1/2）：129-148.

[3] Burgess A S. Permafrost engineering design and construction[J]. Canadian Journal of Civil Engineering，1981，8（3）：406-407.

[4] Burgess T，Webster R，Mcbratney A. Optimal interpolation and isarithmic mapping of soil properties[J]. European Journal of Soil Science，1981，31（2）：315-331.

[5] B McAndrews，K Heinze，W Diguiseppi. Defining TCE plume source areas using the membrane interface probe（MIP）[J]. Soil Sediment Contamination（formerly Journal of Soil Contamination），2003（12）：799-813.

[6] Characterization，Marine Corps Air Station Tustin，EPA/540/R-02/005[R]. 2002.

[7] Charles A，Ramsey，Alan D. A methodology for Assessing Sample Representativeness[J]. Environmental Forensics，2005，6（1）：71-75.

[8] D' Or D. Towards a real-time multi-phase sampling strategy optimization[A]// Renard P，Demougeot-Renard H，Froidevaux R. Geostatistics for Environmental Applications[C]. Berlin：Springer，2005：355-366.

[9] Demougeot-Renard，C. de Fouquet，M. Fritsch. Optimizing sampling for acceptable accuracy levels on remediation volume and cost estimations[J]. geoenv iv — Geostatistics

for Environmental Applications，2004，13：283-294.

[10] Demougeot-Renard H，De Fouquet C，Renard P. Forecasting the number of soil samples required to reduce remediation cost uncertainty[J]. Journal of Environmental Quality，2004，33（5）：1694-1702.

[11] Englund E，Heravi N. Conditional simulation：practical application for sampling design optimization[A]//Soares A. Geostatistics Troia 92[C]. Netherlands：Springer，1993：613-624.

[12] Englund，E J，Heravi，N. Conditional simulation：practical application for sampling design optimization[M]// Geostatistics Tróia '92. Springer Netherlands，1993.

[13] RANSEY C A. Considerations for sampling contaminants in agricultural soils[J]. Journal of AOAC International，2015，98（2）：309-315.

[14] RAMSEY C，THIEX N. Improved food and feed safety through systematic planning and theory of sampling：An introduction to good samples[J]. TOS Forum . 2014（1/2）：20.

[15] Roger Brewer，John Peard，Marvin Heskett. A critical review of discrete soil sample data reliability：Part 1—field study results[J]. Soil and Sediment Contamination：An International，2017，26（1）：1-22.

[16] USEPA，Soil Gas Sampling Technology，EPA/600/R-98/095[R]，1998.

[17] USEPA，Dynamic Field Activity Case Study：Soil and Groundwater Characterization，Marine Corps Air Station Tustin，EPA/540/R-02/005[R]. 2002.

[18] 陈进斌，陈建宏，刘洋，等. 我国土壤修复现状与产业发展趋势[J]. 科技创新与应用，2019（2）：65-66.

[19] 陈梦舫，骆永明，宋静，等. 场地含水层氯代烃污染物自然衰减机制与纳米铁修复技术的研究进展[J]. 环境监测管理与技术，2011，23（3）：85-89.

[20] 董战峰，李红祥，葛察忠，等. 国家环境经济政策进展评估报告 2018[J]. 中国环境管理，2019，11（3）：60-64.

[21] 国家统计局，环境保护部. 中国环境统计年鉴：2001—2015[M]. 北京：中国统计出版社，2001—2015.

[22] 环保在线. 行业视角，分析了 873 个项目，土壤修复市场原来是这样的[EB/OL]. http://www. hbzhan. com/news/detail/133847. html.

[23] 李干杰. 坚决打好污染防治攻坚战[N]. 人民日报，2019-01-08（14）.

[24] 姜素红，闫瑞杰. 论我国政府环境信息公开制度[J]. 湖南财经高等专科学校学报，2013，29（1）：5-8.

[25] 刘阳生，李书鹏，邢轶兰，等. 2019 年土壤修复行业发展评述及展望[J]. 中国环保产业，2020（3）：26-30.

[26] 陆浩，李干杰. 中国环境保护形势与对策[M]. 北京：中国环境出版集团，2018.

[27] 乔永平. 我国生态文明建设试点的问题与对策研究[J]. 昆明理工大学学报（社会科学版），2016，16（1）：24-29.

[28] 山东省人民政府. 山东省土壤污染防治条例[EB/OL]. 2019-11. http：//www. shandong. gov. cn/art/2019/12/2/art_2269_77022. html.

[29] 宋静，许根焰，骆永明，等. 对农用地土壤环境质量类别划分的思考：以贵州马铃薯区 Cd 风险管控为例[J]. 地质前缘，2019，26（6）：192-198.

[30] 生态环境部. 关于印发《土壤污染防治基金管理办法》的通知[EB/OL]. 2020-2. http://www. mee. gov. cn/xxgk2018/xxgk/xxgk10/202002/t20200228_ 766623. html.

[31] 生态环境部. 环境保护大事记（2019 年 12 月）[EB/OL]. 2019-12. http:// www. mee. gov. cn/xxgk/dsj/202001/t20200120_760558. shtml.

[32] 生态环境部法规与标准司. 《中华人民共和国土壤污染防治法》解读与适用手册[M]. 北京：法律出版社，2018.

[33] 山西人大网. 山西省土壤污染防治条例[EB/OL]. 2019-12. http：//www. sxpc. gov. cn/276/954/cwhcs14_1141/hywj/201912/t20191202_9668. shtml.

[34] 天津日报. 天津市土壤污染防治条例[EB/OL]. 2019-12. http：//epaper. tianjinwe.

com/tjrb/html/2019-12/13/content_158_2037283. htm.

[35] 吴春发，骆永明. 我国污染场地含水层监测现状与技术研发趋势[J]. 环境监测管理与技术，2011，23（3）：77-80.

[36] 新华社. 国务院印发《土壤污染防治行动计划》[EB/OL]. 2016-05-31. http：// www. gov. cn/xinwen/2016-05/31/content_5078467. htm.

[37] 新华网. 中共中央办公厅　国务院办公厅印发《关于构建现代环境治理体系的指导意见》[EB/OL]. 2020-03-30. http：//www. mee. gov. cn/zcwj/ zyygwj/ 202003/t20200303_767074. shtml.

[38] 谢云峰，杜平，曹云者，等. 基于地统计条件模拟的土壤重金属污染范围预测方法研究[J]. 环境污染与防治，2015，37（1）：1-6.

[39] 谢云峰，曹云者，杜晓明，等. 土壤污染调查加密布点优化方法构建及验证[J]. 环境科学学报，2016，36（3）：981-989.

[40] 阎波杰，潘瑜春，赵春江. 区域土壤重金属空间变异及合理采样数确定[J]. 农业工程学报，2008，24（S2）：260-264.

[41] 韵晋琦，徐宜雪，陈坤，等. 我国环境污染第三方治理发展探析[J]. 环境保护，2019，47（20）：51-53.

[42] 中华人民共和国土壤污染防治法[M]. 北京：法律出版社，2018.

[43] 张红振，陆军，等. 我国土壤修复产业预测分析和发展战略[M]. 北京：中国环境出版集团，2020.

[44] 中国土壤环境修复产业技术创新战略联盟. 中国土壤修复技术与市场发展研究报告（2016—2020）[R]. 北京，2016.

[45] 赵龙，韩占涛，孔祥科，等. 直接推进钻探技术在污染场地调查中的应用进展[J]. 南水北调与水利科技，2014，12（2）：107-110.

[46] 赵倩倩，赵庚星，姜怀龙，等. 县域土壤养分空间变异特征及合理采样数研究[J]. 自然资源学报，2012，27（8）：1382-1391.

[47] 中央人民政府门户网站. 国土资源部　财政部　中国人民银行关于印发《土地储备管理办法》的通知[EB/OL]. 2019-12. http://www. gov. cn/gzdt/ 2007-12/04/ content_824212. htm.

[48] 中央人民政府门户网站. 关于印发《建设用地土壤污染状况调查、风险评估、风险管控及修复效果评估报告评审指南》的通知[EB/OL]. http：//www. gov. cn/zhengce/zhengceku/2019-12/20/content_5462706. htm.